GAODENG ZHIYE JIAOYU GONGCHENG ZAOJIA ZHUANYE GUIHUA JIAOCAI

高等职业教育
工程造价专业规划教材

DIANQI GONGCHENG ZAOJIA

电气工程造价

主　编　魏　明
主　审　廖天平

重庆大学出版社

内容简介

本书根据《建设工程工程量清单计价规范》(GB 50500—2013)编写,从电气工程施工图到工程量计算,全面阐述了清单和定额的关系、区别和计价方法。主要内容有:电气安装工程造价的组成,电气工程施工图纸内容和施工技术要求,电气安装工程工程量计算规则及工程量计算方法,智能建筑工程及工程量计算,工程量清单编制,清单计价和定额计价文件编制,电气工程造价的校审与管理,安装工程造价软件运用等。

本书可作为高等职业教育和应用型本科工程造价、建设工程管理、建筑安装等专业的教学用书,也可作为建设单位、建筑安装企业工程造价人员、建筑电气工程技术人员及经济管理人员学习和参考。

图书在版编目(CIP)数据

电气工程造价/魏明主编.—重庆:重庆大学出
版社,2014.3
高等职业教育工程造价专业规划教材
ISBN 978-7-5624-7891-1

Ⅰ.①电… Ⅱ.①魏… Ⅲ.①电气设备—建筑安装工
程—工程造价—高等职业教育—教材 Ⅳ.①TU723.3

中国版本图书馆 CIP 数据核字(2014)第 025879 号

高等职业教育工程造价专业规划教材
电气工程造价
主编 魏 明
主审 廖天平
责任编辑:桂晓澜   版式设计:桂晓澜
责任校对:秦巴达   责任印制:赵 晟

*

重庆大学出版社出版发行
出版人:邓晓益
社址:重庆市沙坪坝区大学城西路 21 号
邮编:401331
电话:(023) 88617190   88617185(中小学)
传真:(023) 88617186   88617166
网址:http://www.cqup.com.cn
邮箱:fxk@ cqup.com.cn(营销中心)
全国新华书店经销
万州日报印刷厂印刷

*

开本:787×1092   1/16   印张:13.5   字数:337千
2014 年 3 月第 1 版   2014 年 3 月第 1 次印刷
印数:1—3 000
ISBN 978- 7-5624-7891-1   定价:27.00 元

编委会

特别鸣谢（排名不分先后）

天津理工大学经济管理学院
重庆市建设工程造价管理总站
重庆大学
重庆交通大学应用技术学院
重庆工程职业技术学院
平顶山工学院
徐州建筑职业技术学院
番禺职业技术学院
青海建筑职业技术学院
浙江万里学院
济南工程职业技术学院
湖北水利水电职业技术学院
洛阳大学
邢台职业技术学院
鲁东大学
成都大学
四川交通职业技术学院
湖南交通职业技术学院
青海交通职业技术学院
河北交通职业技术学院
江西交通职业技术学院
新疆交通职业技术学院
甘肃交通职业技术学院
山西交通职业技术学院
云南交通职业技术学院
重庆市建筑材料协会
重庆市交通大学管理学院
重庆市建设工程造价管理协会
重庆市泰莱建设工程造价事务所
江津市建设委员会

序

　　《高等职业教育工程造价专业规划教材》于 1992 年由重庆大学出版社正式出版发行,并分别于 2002 年和 2006 年对该系列教材进行修订和扩充,教材品种数也从 12 种增加至 36 种。该系列教材自问世以来,受到全国各有关院校师生及工程技术人员的欢迎,产生了一定的社会反响。编委会就广大读者对该系列教材出版的支持、认可与厚爱,在此表示衷心的感谢。

　　随着我国社会经济的蓬勃发展,建筑业管理体制改革的不断深化,工程技术和管理模式的更新与进步,以及我国工程造价计价模式和高等职业教育人才培养模式的变化等,这些变革必然对该专业系列教材的体系构成和教学内容提出更高的要求。另外,近年来我国对建筑行业的一些规范和标准进行了修订,如《建设工程工程量清单计价规范》等。为适应我国"高等职业教育工程造价专业"人才培养的需要,并以系列教材建设促进其专业发展,重庆大学出版社通过全面的信息跟踪和调查研究,在广泛征求有关院校师生和同行专家意见的基础上,决定重新改版、扩充以及修订《高等职业教育工程造价专业规划教材》。

　　本系列教材的编写是根据国家教育部制定颁发的《高职高专教育专业人才培养目标及规格》和《工程造价专业教育标准和培养方案》,以社会对工程造价专业人员的知识、能力及素质需求为目标,以国家注册造价工程师考试的内容为依据,以最新颁布的国家和行业规范、标准、法规为标准而编写的。本系列教材针对高等职业教育的特点,基础理论的讲授以应用为目的,以必需、够用为度,突出技术应用能力的培养,反映国内外工程造价专业发展的最新动态,体现我国当前工程造价管理体制改革的精神和主要内容,完全能够满足培养德、智、体全面发展的,掌握本专业基础理论、基本知识和基本技能,获得造价工程师初步训练,具有良好综合素质和独立工作能力,会编制一般土建、安装、装饰、工程造价,初步具有进行工程造价管理和过程控制能力的高等技术应用型人才。

由于现代教育技术在教学中的应用和教学模式的不断变革,教材作为学生学习功能的唯一性正在淡化,而学习资料的多元性也正在加强。因此,为适应高等职业教育"弹性教学"的需要,满足各院校根据建筑企业需求,灵活调整及设置专业培养方向。我们采用了专业"共用课程模块+专业课程模块"的教材体系设置,给各院校提供了发挥个性和设置专业方向的空间。

本系列教材的体系结构如下:

共用课程模块	建筑安装模块	道路桥梁模块
建设工程法规	建筑工程材料	道路工程概论
工程造价信息管理	建筑结构基础	道路工程材料
工程成本与控制	建设工程监理	公路工程经济
工程成本会计学	建筑工程技术经济	公路工程监理概论
工程测量	建设工程项目管理	公路工程施工组织设计
工程造价专业英语	建筑识图与房屋构造	道路工程制图与识图
	建筑识图与房屋构造习题集	道路工程制图与识图习题集
	建筑工程施工工艺	公路工程施工与计量
	电气工程识图与施工工艺	桥隧施工工艺与计量
	管道工程识图与施工工艺	公路工程造价编制与案例
	建筑工程造价	公路工程招投标与合同管理
	安装工程造价	公路工程造价管理
	安装工程造价编制指导	公路工程施工放样
	装饰工程造价	
	建设工程招投标与合同管理	
	建筑工程造价管理	
	建筑工程造价实训	

注:①本系列教材赠送电子教案。
②希望各院校和企业教师、专家参与本系列教材的建设,并请毛遂自荐担任后续教材的主编或参编,联系 E-mail:linqs@ cqup.com.cn。

本次系列教材的重新编写出版,对每门课程的内容都作了较大增加和删改,品种也增至 36 种,拓宽了该专业的适应面和培养方向,给各有关院校的专业设置提供了更多的空间。这说明,该系列教材是完全适应工程造价相关专业教学需要的一套好教材,并在此推荐给有关院校和广大读者。

编委会
2012 年 4 月

前　言

本教材是根据国家教育部制定颁发的《高职高专教育专业人才培养目标及规格》和《工程造价专业教育标准和培养方案》，以社会对工程造价专业人员的知识、能力及素质需求为目标，以国家注册造价工程师考试的内容为依据，以最新颁布的国家和行业规范、标准、法规为标准而编写的。编写时根据《建设工程工程量清单计价规范》（GB 50500—2013），就电气工程造价，从电气工程施工图到工程量计算，全面阐述了清单和定额的关系、区别和计价方法。

本书与其他书籍相比较，在内容和体系上做了大量调整和充实。本书从《安装工程造价》中分离出来，就电气工程造价进行了更深入、细致、专业的系统阐述。主要内容有：电气安装工程造价的组成，电气工程施工图纸内容和施工技术要求，电气安装工程工程量计算规则及工程量计算方法，智能建筑工程及工程量计算，工程量清单编制，清单计价和定额计价文件编制，电气工程造价的校审与管理，安装工程造价软件运用等。本书图文并茂，理论与实践相结合，深入浅出，便于学生深入学习电气安装工程内容，了解施工要求，更好地进行电气工程估价，为从事建筑安装施工、管理、计量与计价奠定基础。

本书不仅可作为高等职业教育和应用型本科工程造价、建设工程管理、建筑安装等专业的教学用书，还可供建设单位、建筑安装企业工程造价人员、建筑电气工程技术人员及经济管理人员学习和参考。

本书由重庆大学魏明主编，由重庆大学廖天平主审。虽然编者在编写时力求做到内容全面，通俗易懂，但限于自身专业水平，书中难免存在缺漏和不当之处，敬请各位同行、专家和广大读者批评指正。

编　者

2013 年 9 月

目录

1 概　述

1.1　基本概念

1.1.1　工程造价

工程造价是指进行某项工程建设花费的全部费用,即该建设项目有计划地进行固定资产的再生产和形成最低量流动资金的一次性投入费用之和。工程造价的作用:

①建设工程造价是项目决策的依据。

②建设工程造价是制订投资计划和控制投资的依据。

③建设工程造价是筹集建设资金的依据。

④建设工程造价是评价投资效果的重要指标。

⑤建设工程造价是合理利益分配和调节产业结构的手段。

建设项目投资,是指在执行基本建设工作程序过程中,根据各个不同设计阶段设计文件的具体内容和《建设工程工程量清单计价规范》(或概预算定额)及有关计价资料,预先计算和确定的每项新建、扩建和改建工程所需全部费用支出的总和。建设项目投资总的来说,主要包括固定资产投资和流动资产投资两部分,建设项目总投资中的固定资产投资与建设项目的工程造价在量上是相等的。现行建设项目投资由下列几个部分构成:

1)建筑安装工程费用

建筑安装工程包括新建、扩建、改建和重建的建筑物中的土建、给水、排水、采暖、通风、电气照明等工程;公路、铁路、码头、各种设备基础、工业炉砌筑、支架、栈桥、矿井工作台、料仓等构筑物工程;电力和通讯线路的敷设、工业管道等工程;各种水利工程。其中每个工程的费用又包括直接费、间接费、计划利润、其他费用和税金等。

2)设备、工器具的购置费用

设备、工器具的购置费用是指购置设计文件规定的各种机械和电气的全部费用。包括设备的出厂价格、包装费、由制造厂或交货地点运至建设工地仓库前的运输费、供销部门手续费、采购保管费。

3)工程建设其他费用

工程建设其他费用是指除上述费用以外的,根据设计文件要求和国家有关规定应在基本建设投资中支付的,并列入建设项目总概算或单项工程综合概预算的一些费用。其特点是不属于建设项目中的任何一个工程项目,而是属于建设项目范围内的工程和费用。工程建设其他费用包括:

①土地补偿费和安置补助费。

②建设单位管理费。

③勘察设计费和研究试验费。

④可行性研究费。

⑤环境评价影响费。

⑥劳动安全性评价费。

⑦引进技术和进口设备项目的其他费用。

⑧联合试运转费。

⑨生产职工培训费。

⑩办公和生活家具购置费。

⑪场地准备及临时设施费。

⑫工程保险费。

⑬特殊设备安全监督检验费。

⑭市政公园设施费。

⑮专利及专用技术使用费。

4)预备费

预备费是指初步设计和概预算中难以预料的工程费用、设备材料双轨制价格的差价,以及建设项目由于物价、汇率、税金、贷款利率等变化所引起的费用。

5)建设期贷款利息

项目银行信贷资金是指利用信贷资金所发放的投资性贷款,其贷款利息成为建设项目投资资金的重要组成部分。

1.1.2 建设工程项目

每一个基本建设工程项目,根据设计文件和有关规定,一般都可以划分为建设项目、单项工程、单位工程、分部工程、分项工程等。现分述如下:

1)建设项目

一般指具有可行性研究报告书和总体设计文件,经济上实行独立核算,具有法人资格与其他单位建立经济往来关系,行政上具有独立组织形式的基本建设工程,就称为建设项目。在工业建设中,一般以一个工厂为建设项目;分期建设的建设工程,如前后工程都包括在一个总体设计内,也算作一个建设项目。一个建设项目中,可以有几个单项工程,也可能只有一个单项工程。

严格地讲,建设项目和建设单位是两个含义完全不同的概念。建设项目是指总体建设工程的物质内容,而建设单位则是指该总体建设工程的组织者和实施者,即该总体建设工程的组织者代表。

2）单项工程

单项工程也称为"工程项目"。所谓单项工程，是指在一个建设项目中，具有独立的设计文件（包括概预算书），建成后可以独立发挥设计规定的生产能力或工程效益的工程，它是建设项目的组成内容。例如：工业企业建设项目中的各个生产车间、辅助生产车间、汽车库、办公楼、俱乐部、职工食堂、家属住宅等。民用建设项目中，学校的教学楼、图书馆、学生宿舍、教职工住宅等，都是具体的单项工程。

单项工程是具有独立存在意义的一个完整工程项目，也是一个比较复杂的综合体。它是由不同性质的各个单位工程组合而成的。

3）单位工程

具有独立设计文件（如施工图纸、预算书、施工组织设计），可以独立组织施工，但竣工后一般不能独立发挥生产能力或使用功能的工程，称为单位工程。

一个单项工程，按照其构成，可以把它分解为建筑工程、设备及其安装工程。其中建筑工程仍然是比较复杂的综合体，需要进一步分解。

建筑工程一般包括以下单位工程：

①一般土建工程。建筑物与构筑物的各种结构工程，都属于一般土建工程。如土石方工程、桩基工程、混凝土及钢筋混凝土工程、木结构工程、楼地面工程、屋面工程、装饰工程，厂区（庭院）的道路、围墙、大门等工程。

②特殊构筑物工程。包括各种塔、池、槽、设备基础、烟囱等工程。

③卫生工程。如给水排水工程、采暖工程、民用燃气管道敷设工程等。

④电气安装工程。如室内、外照明线路敷设和灯具及照明配电箱安装等。

⑤设备及安装工程。系指生产工艺设备购置、设备安装。设备安装工程，还可以分解为机械设备安装和电气（含自控仪表）设备安装两大类。

上述各种建筑工程、设备及安装工程中的每一类，就称为单位工程。单位工程在一定条件下也能发挥独立的设计效能，如某些民用房屋建筑只是由一般土建工程所构成，在这种情况下单位工程也就是单项工程。单位工程造价，是通过编制初步设计概算和施工图预算来确定的。

电气安装工程与其他建筑安装工程一样，也是由许多部分组成的复杂综合体，所以，要就整个工程进行计价是比较困难的，也可以说是办不到的。因此，就需要借助某种方法对整个工程进行必要的分解，寻找出一种能够用较为简单的施工过程生产出来，而且可以用适当的计量单位测定或计算的基本构造要素，然后分别计算其工程量与价值。

1.2　电气工程造价

1.2.1　电气工程造价的含义

"工程"指关于制造、建筑、开矿等按一定计划进行的工作，如土木工程、水利工程、化学工程、机械工程等。电气工程一般是指一个建设项目(如工矿企业、事业单位或公共设施等)的输电、变配电、用电的线路敷设、设备购置与安装、调试与运转等一系列实施活动全过程所形成的物质实体。

电气工程造价,是指电气工程实施过程所耗费用数额的总和。具体讲,其含义有以下两种:

第一种:从投资者(业主)角度而言,电气工程造价是指建设一项工程中电气专业预期开支或实际开支的全部固定资产投资费用。投资者为了获得投资项目的预期效益,就需要对拟建项目进行论证、评估、策划、决策及实施、竣工验收等一系列投资管理,在这一系列活动中所耗费的全部费用,就构成了电气工程造价。从这个意义上讲,电气工程造价就是建设项目固定资产投资。

第二种:从市场交易的角度而言,电气工程造价是指为完成一个项目,预计或实际在土地市场、设备市场、技术劳务市场以及工程承发包市场等交易活动中所形成的建筑安装工程造价和建设项目总价格。显然,电气工程造价的第二种含义是指以建设工程这种特定的商品形式作为交易对象,通过招投标或其他交易方式,在进行多次预测的基础上,最终由市场形成的价格。

通常人们将电气工程造价的第二种含义认定为工程承包价格。承发包价格是建设工程造价中一种重要的和最典型的价格形式,它是在建设市场通过招标投标,由买卖双方共同认可的价格。由于建筑安装工程造价在工程项目固定资产中占有 60% 左右的份额,而且建筑安装企业又是建设工程项目的实施者并具有重要的市场主体地位,因此,工程承发包价格被界定为工程造价的第二种含义,在市场经济条件下具有重要的现实意义。

1.2.2　电气安装工程造价的确定

电气安装工程造价的确定,是一项技术性和政策性都很强的技术经济工程,为了保证工程质量,合理使用建设资金,必须认真做好单位工程造价的工作。结合我国目前工程建设管理体制的实际情况,电气安装工程造价采用定额计价方法和工程量清单计价方法并存的计价模式。

1)定额计价模式

定额计价模式是我国工程造价计价的传统模式,是根据国家或地区颁发的统一预算定额规定的"工、料、机"消耗量的工程实物数量,套用相应的定额单价(基价)计算出直接工程费,再在直接工程费的基础上计算出各项相关费用及税金,最后经汇总形成电气安装工程预算造价。这种计价模式的缺点是"量价合一"或"规定价,计算量",要受政府定价的控制,不利于企业发挥自己的优势,不适应通过市场竞争形成价格和与国际惯例接轨的形式要求。

电气安装工程作为一个单位工程,其定额计价的构成内容为:

安装工程造价 = 直接工程费 + 间接费 + 计划利润 + 税金

表 1.1 为电气安装工程定额计价构成内容。

表 1.1　电气安装工程定额计价的构成

建筑安装工程费	直接费	直接工程费	人工费
			材料费
			施工机械使用费
		措施费	环境保护费
			文明施工费
			安全施工费
			临时设施费
			夜间施工费
			二次搬运
			大型机械设备进出场及安拆
			混凝土、钢筋混凝土模板及支架
			脚手架搭拆
			已完工及设备保护
			施工排水、降水
	间接费	规费	工程排污费
			工程定额测定费
			社会保障费(养老保险、失业保险、医疗保险)
			住房公积金
			危险作业意外伤害保险
		企业管理费	管理人员工资
			办公费
			差旅交通费
			固定资产使用费
			工具用具使用费
			劳动保险费
			工会经费
			职工教育经费
			财产保险费
			财务费
			其他
	利润		
	税金		

2）工程量清单计价模式

工程量清单计价模式，是《建设工程工程量清单计价规范》规定的为适应建设工程招标投标的广泛推行和便于工程造价计价方法与国际惯例接轨，而提出的一种工程造价计价模式。这种计价模式是国家对分部分项工程量规定出统一的项目编码、统一的项目名称、统一的计量单位和统一的工程量计算规则，在招标投标工程的计价活动中，政府对投标单价不予干预，由参与投标竞争的各施工企业根据自身技术素质自主报价，通过竞争和经评审合理低价中标的工程造价计价模式。这种计价模式是我国工程造价计价工作向逐步实现"政府宏观调控、企业自主报价、市场形成价格"的目标迈出的坚实的一步。

电气安装工程作为一个单位工程，其工程清单计价的构成内容为：

安装工程造价＝分部分项工程量清单计价合计+措施项目清单计价合计+其他项目清单计价合计+规费+税金

表1.2为工程量清单的建筑安装工程造价组成内容。

表1.2 建筑安装工程造价工程量清单计价的构成

建筑安装工程造价	分布分项工程费	人工费	
		材料费	
		施工机械使用费	
		企业管理费	管理人员工资
			办公费
			差旅交通费
			固定资产使用费
			工具器具使用费
			劳动保险费
			工会经费
			职工教育经费
			财产保险费
			财务费
			其他
	措施项目费	安全文明施工费(含环保、文明、安全施工、临时)	
		夜间施工费	
		二次搬运费	
		冬雨季施工	
		大型机械设备进出场及安拆费	
		施工排水费	
		施工降水费	
		地上地下设施、建筑物的临时保护设施费	
		已完工程及设备保护费	
		各专业工程措施费	

续表

		暂列金额
建筑安装工程造价	其他项目费	暂估价(包括材料暂估价、专业工程暂估价)
		计日工
		总承包服务费
		其他:索赔、现场签证
	规费	工程排污费
		工程定额测定费
		社会保障费(养老保险、失业保险、医疗保险)
		住房公积金
		危险作业意外伤害保险
	税金	营业税
		城市维护建设税
		教育费附加

工程量清单计价及定额计价的具体方法见本书第 5 章和第 6 章内容。

1.3　工程量清单计价

所谓建设工程工程量清单计价规范就是工程造价计价工作者在确定工程造价过程中应当遵循的一种标准。具体地讲,在确定建筑工程产品价格时,对建筑工程的分部分项工程项目编码、工程内容、费用项目组成与划分、费用项目计算方法和程序以及计量计价表格形式等作出的全国统一规定标准,称为《建设工程工程量清单计价规范》(本书简称为"计价规范")。

1.3.1　工程量清单计价的意义

.我国建设工程实行工程量清单计价的意义主要有以下几点:

1)工程量清单计价是建筑工程造价改革深化的产物

我国现行建筑工程预算定额中规定的工、料、机消耗量和有关施工措施费用是按社会平均水平制定的,以此为依据确定的建筑产品(工程)价格也属于社会平均价格。这种价格在计划经济时期是极为合理和适用的价格,但在社会主义市场经济条件下,不能反映参与竞争企业的实际消耗和技术管理水平,在一定程度上限制了企业的公平竞争。为了适应建设市场发展的需要,20 世纪 90 年代初期,国家工程建设主管部门针对建筑工程预算定额编制和使用中存在的问题,提出了"控制量、指导价、竞争费"的改革措施,将建筑工程预算定额中的工、料、机消耗量与相应的单价分离,国家"控制量"以保证工程质量,工、料、机单价逐步实现市场化,即由市场形成价格,使工程造价由静态管理模式逐步转变为动态管理模式,这一措施迈出了对传统工程预算定额改革的第一步。但是,这种做法仍然难以改变工程预算定额中国家指令性的状况,难以满足招标投标竞争定价和经评审合理低价中标的要求。由于工程定额控制的"量"是社会平均消耗量,不能反映各企业的实际消耗量,不能全面体现各企业的技术装备水平、施工技术管理水平、经营管理水平和劳动生产率,使建筑企业之间缺乏竞争,限制了企业向前发展的步伐。为了消除预算定额计价模式的弊端,在认真总结我国工程造价改革经验的基础上,借鉴了世界银行、菲迪克(FIDIC)组织、英联邦国家以及我国香港特别行政区等的一些做法,国家主管部门于 2003 年 2 月 17 日以中华人民共和国建设第 119 号公告发布了国家标准《建设工程工程量清单计价规范》(GB 50500—2003)。计价规范的实施,使我国工程造价计价工作向逐步实现"政府宏观调控,企业自主报价,市场形成价格"的目标迈出了坚实的一步。

2)工程量清单计价是规范建设市场秩序及适应社会主义市场经济的需要

工程造价是工程建设的核心内容,也是建设市场运行的核心内容。建设市场上存在许多不规范行为,大多与工程市场造价有关。过去的工程预算定额在工程发包与承包计价中调节双方利益、反映市场价格等方面显得滞后,特别是在公开、公平、公正竞争方面,缺乏合理、完善的机制,甚至出现了一些漏洞。实现建筑市场的良性发展除了法律法规和行政监管以外,发挥市场规律中"竞争"和"价格"的作用是治本之策。工程量清单计价是市场形成工程造价的主要形式,工程量清单计价有利于增强企业自主报价的能力,实现从政府定价到市场定价的转变;有利于规范业主在招标中的行为,有效防止招标单位在招标中盲目压价,真正的体现公开、公平、公正的原则,反映市场经济规律。

3)促进建设市场有序竞争和企业健康发展

采用工程量清单计价模式招标投标,对发包单位来说,由于工程量清单是招标文件的组成部分,招标单位必须编制出准确的工程量清单,并承担相应的风险,促进招标单位提高管理水平;由于工程量清单是公开的,避免了工程招标中的弄虚作假、暗箱操作等不规范行为。对承包企业而言,采用工程量清单报价,必须对单位工程成本、利润进行统筹分析考虑,精心比较选择施工方案,并根据企业定额合理确定人工、材料和施工机械等要素的投入与配置,合理控制现场费用和施工技术措施费用,确定投标价。改变过去过分依赖国家发布定额的状况,企业根据自身的条件编制出企业定额。

工程量清单计价的实行,有利于规范建设市场行为,规范建设市场秩序,促进建设市场有序竞争;有利于控制建设项目投资,合理利用资源;有利于促进技术进步,提高劳动生产率;有利于提高造价工程师的素质,使其成为懂技术、懂经济、懂管理的全面发展的复合型人才。

4)有利于我国工程造价管理政府职能的转变

按照政府部门真正履行起"经济调节、市场监管、社会管理和公共服务"职能的要求,政府对工程造价管理的模式要相应改变,将推行"政府宏观调控、企业自主报价、市场竞争形成价格和社会全面监督"的工程造价管理。实行工程量清单计价,将有利于我国工程造价管理政府职能的转变,由过去政府控制实行指令性定额转变为制定适应市场经济规律要求的工程量清单计价方法,由过去行政直接干预转变为对工程造价依法监管,有效地强化政府对工程造价的宏观调控。

1.3.2　计价规范的发展历程

随着我国改革开放的进一步加快,中国经济融入全球市场,特别是我国加入 WTO 后,行业壁垒被打破,建设市场将进一步对外开放。国外的企业以及投资的项目越来越多地进入国内市场,国内企业走出国门在海外投资和经营的项目也在增加。为了适应这种建设市场对外开放的形势,就必须与国际通行计价方式相适应,为建设市场主体创造一个与国际惯例接轨的市场竞争环境。工程量清单计价是国际通行的计价做法,我国实行工程量清单计价,有利于提高国内建设各方主体参与国际竞争的能力,有利于提高工程建设的管理水平。

(1)《建设工程工程量清单计价规范》(GB 50500—2003)

为适应我国社会主义市场经济发展和适应我国加入世界贸易组织(WTO)后与国际惯例接轨的需要,2003 年 2 月 17 日,中华人民共和国建设部、中华人民共和国国家质量监督检验疫总局,以中华人民共和国建设部第 119 号公告联合发布了中华人民共和国国家标准《建设工程工程量清单计价规范》(GB 50500—2003),简称 03 计价规范,并自 2003 年 7 月 1 日起实施。其中第 1.0.3、3.2.2、3.2.3、3.2.4(1)、3.2.5、3.2.6(1)条(款)为强制性条文,必须严格执行。

(2)《建设工程工程量清单计价规范》(GB 50500—2008)

08 计价规范从工程计价的实际需要出发,增加和修订了相关的工程造价计价的具体操作条款,并完善了工程量清单计价表格,使 08 计价规范更贴近实际计价需要。同时,08 计价规范从我国工程造价管理的实际出发,既考虑全国工程造价计价管理的统一性,又考虑各地方和行业计价管理的特点,允许地方和行业根据地区,本行业工程造价计价特点,对规范中的计价表格进行补充,使 08 计价规范更加贴近工程造价管理的需要。

(3)《建设工程工程量清单计价规范》(GB 50500—2013)

《建设工程工程量清单计价规范》(GB 50500—2013)于 2012 年 12 月 25 日发布,2013 年 7 月 1 日实施。

2013 新规范主要完善了工程计量、工程变更、合同调整、中期支付、竣工结算几部分条款说明,主要细化了清单项目,修订了原清单运用过程中的问题,将原 08 规范中的 6 个专业(建筑、装饰、安装、市政、园林、矿山)进行了精细化调整,调整后分为 9 个专业。其中,将建筑与装饰专业合并为一个专业;将仿古从园林专业中分开,拆解为一个新专业;同时增加了构筑物、城市轨道交通、爆破工程 3 个专业。

《建设工程工程量清单计价规范》(GB 50500—2013)的主要内容包括 15 章。《房屋建筑与装饰工程计量规范》(GB 500854—2013)包括 5 章以及从附录 A 到附录 Q 共 17 个附录;《通用安装工程计量规范》(GB 500856—2013)包括 5 章以及从附录 A 到附录 M 共 13 个附录;《市政工程计量规范》(GB 500857—2013)包括 5 章以及从附录 A 到附录 K 共 11 个附录;《园林绿化工程工程量计算规范》(GB 500858—2013)包括 5 章以及从附录 A 到附录 D 共 4 个附录等。

2013 新规范各个专业之间的划分更加清晰,新规范充分注意工程建设计价的难点,条文规定具有操作性;新规范在计价表格上没有太大的改动,对各专业的工程量计算进行了分册规范,具有针对性;对工程施工建设各阶段,各步骤计价的具体做法和要求都作出了具体而详尽的规定,使规范更具操作性。

1.3.3　计价规范的主要内容

《建设工程工程量清单计价规范》(GB 50500—2013)的内容共 15 章,各章具体内容分述如下。

1)总则

主要说明了计价规范的制定依据、适用范围、计价活动应遵循的原则、法律、法规、标准和各个附录的内容等。其中应当引起造价工作者注意的是计价规范"总则"中以黑体字印刷的 1.0.3 条强调"全部使用国有资金投资或国有资金投资为主的大中型建设工程应执行本规范。"这是计价规范在执行范围方面规定的必须严格执行的强制性条款之一。

2)术语

在实行工程量清单计价中必须采用和理解的词语,计价规范作出了统一的权威性解释,具体术语定义包括:工程量清单、招标工程量清单(增)、已标价工程量清单(增)、综合单价、工程量偏差(增)、暂列金额、暂估价、计日工、总承包服务费、安全文明施工费、施工索赔、现场签证、提前竣工(赶工)费(增)、误期赔偿费(增)、企业定额、规费、税金、发包人、承包人、工程造价咨询人、招标代理人、造价工程师、造价员、招标控制价、投标价、签约合同价、竣工结算价等。

3)一般规定

对计价方式和计价风险做了界定。

4)招标工程量清单

- 一般规定
- 分部分项工程
- 措施项目清单
- 其他项目清单
- 规费
- 税金

5)招标控制价

- 一般规定
- 编制与复核
- 投诉与处理

6)投标价

- 一般规定
- 编制与复核

7)合同价款约定

- 一般规定
- 约定内容

8)工程计量

- 一般规定

- 单价合同计量
- 总价合同计量

9) 合同价款调整

- 一般规定
- 法律法规变化
- 工程变更
- 项目特征描述不符
- 工程量清单缺项
- 工程量偏差
- 物价变化
- 暂估价
- 计日工
- 现场签证
- 不可抗力
- 提前竣工(赶工补偿)
- 误期赔偿
- 施工索赔
- 暂列金额

10) 合同价款中期支付

- 预付款
- 安全文明施工费
- 总承包服务费
- 进度款

11) 竣工结算与支付

- 竣工结算
- 结算款支付
- 质量保证(修)金
- 最终清算

12) 合同解除的价款结算与支付

13) 合同价款争议的解决

- 监理或造价工程师暂定
- 管理机构的解释或认定
- 友好协商
- 调解
- 仲裁、诉讼
- 造价鉴定

14) 工程计价资料与档案

- 计价资料

- 计价档案

15）工程计价表格组成

- 封面
- 总说明
- 汇总表
- 分部分项工程量清单表
- 措施项目清单表
- 其他项目清单表
- 规费、税金项目清单与计价表
- 工程款支付申请（核准）表

1.3.4　工程量清单计价的基本概念

1）工程量

工程量即构成建筑工程实体的数量。所谓工程量，就是按照适合于工程的外部特征及基本物理性能的计量单位来表示的各种分部分项的数量，业内简称"工程量"。工程量以物理计量单位或自然计量单位来表示。物理计量单位，是指以法定计量单位表示的长度、面积、体积、质量、数量等。如电气安装工程中的电缆敷设长度用"m"表示，建筑物的建筑面积、楼地面面积、门窗刷油面积用"m²"表示，电缆埋地敷设的沟槽挖土方体积用"m³"表示，电缆沿支架敷设有支架制作安装工程量的质量用"t"等。自然计量单位，是以物体自然形态表示，如变压器安装、电动机检查接线、电风扇安装均为"台"，电梯电气安装为"部"，照明器具安装为"套"，接线箱、盒安装为"个"，蓄电池充放电为"组"等。

2）工程量清单

建设工程的分部分项工程项目、措施项目、其他项目、规费项目和税金项目的名称和相应数量等的明细清单，称为工程量清单。

工程量清单是拟建工程项目标底和投标人投标报价的依据。工程量清单是一种广义的工程量明细表格，这些表格主要包括：分部分项工程量清单、措施项目清单、其他项目清单、规费税金项目清单等。它由具有编制招标文件能力的招标人，或受其委托具有相应资质的工程造价咨询机构、招标代理机构，依据建设工程工程量清单统一项目编码、项目名称、计量单位和工程量计算规则进行编制。

3）工程量清单计价的基本概念

拟建工程项目的投标人按照招标人提供的工程量清单，逐一计算出工程项目所需的全部费用（包括分部分项工程费、措施项目费、其他项目费和规费及税金等）的过程，就称为工程量清单计价。工程量清单计价采用"综合单价"计算。综合单价是指完成工程量清单中一个规定计量单位项目所需的人工费、材料费、机械使用费、管理费和利润，并考虑了风险因素的一种分项工程单价。

1.3.5 工程量清单计价的特点和作用

1)工程量清单计价的特点

（1）满足了竞争的需要

建设工程招标投标承建制已在我国工程建设领域形成了制度,工程建设项目实行招标投标承建的过程本身就是一个竞争的过程。招标人给出工程量清单,投标人填报综合单价,不同的投标人其综合单价就会不同。在招标人给出工程量已定的条件下,综合单价的高低就成为竞争的焦点,填报高了中不了标,填报低了就可能亏损。而综合单价的高与低,使工程量清单计价报价竞争真正体现企业整体实力的竞争,满足了竞争的需要。

（2）提供了一个平等的竞争条件

采用传统的施工图预算来投标报价,由于不同投标企业对施工图设计内容理解不一,造价人员业务素质的不同,计算出来的工程量难免存在差异,这样计算出来的报价也必然会有很大的差异,容易产生纠纷和评标过程中的暗箱操作;同时,也为腐败提供了温床。而采用工程量清单报价就为投标人提供了一个平等竞争的条件。相同的工程量,由参与竞争的企业根据自身的实力来填报各自确定的综合单价;招标人根据其报价,结合质量、工期和社会信誉等因素综合评定,选择最佳的投标企业使其中标,从而摆脱了在工程价格的形成过程中长期以来的计划管理的束缚,由市场的参与双方主体自主定价,符合价格形成的基本原理,符合商品交易的一般原则。

（3）有利于实现风险的合理分担

实行工程量清单计价方式后,投标人只对自己所填报的综合单价负责,而对招标文件中工程量的计算错误或变更等不负责任,相应的这一部分风险则由招标人承担。因此,这种格局符合风险合理分担与责权关系对等的一般原则。

（4）有利于工程的拨付和工程造价的最终确定

参与投标的竞争者中标后,招标人要与中标人签订施工合同,工程量清单报价基础上的中标价就成为合同价的基础,投标清单上的综合单价也就成为拨付工程款的依据。招标人根据投标人完成的工程量,就可以很容易地确定出进度款拨付数额,从而避免了定额计价中"量"和"价"的多与少、高与低,这个"价"那个"价"等纠纷的发生。工程竣工后,再根据设计变更和工程量的变化将增减的工程量乘以相应综合单价,招标人便可以知道工程造价增减多少,从而确定工程造价。

（5）有利于业主投资的控制

采用现行的施工图预算方式,业主对因设计变更、工程量的增减引起的工程造价变化不敏感,不易引起足够重视,往往到竣工结算时才知道它对工程造价影响的大小,这为业主进行有效造价投资控制造成了诸多不便,也可以说是"心中无数"。而采用工程量清单计价方式后,在出现设计变更和工程量发生增减时,能够及时知道它对工程造价影响的大小,这样业主就能根据投资情况来决定是否进行变更或经济比较,以确定最恰当的处理方法。因此,我们说采用工程量清单计价方式才能使业主对工程造价进行有效地控制。

2)工程量清单计价的作用

工程量清单计价不仅是我国工程造价计价方式与国际惯例接轨迈出的坚实一步,而且有助于"政府宏观控制、企业自主报价、市场形成价格"管理目标的实现,将对我国进一步深化工程造价管理体制的改革发挥重要作用。分述如下:

(1)能真正实现通过市场竞争决定工程造价

为把工程价格的决定权交给市场的参与方提供了可能。工程造价形成的主要阶段是在招标投标阶段,在工程招标投标过程中,投标企业在投标报价时必须考虑工程本身的技术特点和招标文件的有关规定及要求,考虑企业自身施工能力、管理水平和市场竞争能力,同时还必须考虑其他方面的许多因素,诸如工程结构、施工环境、地质构造、工程进度、建设规模、资源配置计划等。在综合分析这些因素影响程度的基础上,对投标报价作灵活机动地调整,使报价能够比较准确地与工程实际及市场条件相吻合。只有这样才能把投标报价的自主权真正交给招标和投标单位,并最终通过市场来配置资源,决定工程造价,真正实现市场决定工程造价。

(2)有利于业主获得最合理的工程造价

工程量清单计价方法本身要求投标企业在工程招标过程中竞争报价,综合实力强、管理水平高、社会信誉好的施工企业将具有较强的竞争力和较多的中标机会。招标单位将可获得最合理的工程造价和选择较理想的施工单位,真正体现招投标宗旨,同时也可以为业主的工程成本控制提供准确、可靠的依据。

(3)有利于促进施工企业改进经营管理,提高技术水平,增强综合实力

社会主义市场经济体现的是优胜劣汰,推行工程量清单计价方法有利于促进施工企业改进经营管理,提高技术水平,增强综合实力,在建设市场中处于不败之地。通过对单位工程成本、利润进行分析,统筹考虑,精心选择施工方案,并根据企业定额合理确定人工、材料、施工机械要素的投入与配置,降低现场费用和施工技术措施费用,提高我国建筑安装施工企业的整体水平。

(4)有利于参与国际市场竞争

在当今全球经济一体化的趋势下,我国的建设市场将进一步对外开放,采用工程量清单计价方法,创造了与国际惯例接轨的市场竞争环境。同时,有利于提高国内建设各方主体参与国际竞争的能力,从而提高工程建设的整体管理水平。

1.3.6 清单项目设置的原则和方法

工程造价的确定程序,一般都是在熟悉计价规范、定额、施工图纸之后,着手进行分部分项工程项目设置和工程量计算。在此,以国家标准《建设工程工程量清单计价规范》(GB 50500—2013)为依据,以电气设备安装分部分项工程的清单项目设置及工程量计算方法为中心予以介绍。

工程量清单计价方法与传统的定额计价方法比较,其过程可以划分为两个阶段,即工程量清单的编制阶段和利用工程量清单来编制投标报价书(或标底价格)阶段。其具体步骤和方法可以依照如下程序:熟悉施工图→列出工程项目→计算技术项目工程量→编制工程量清单→发送投标单位→确定综合单价→进行投标报价。

1)清单项目设置

工程量清单项目设置,也就是对工程分部分项工程项目的划分和工程子目的编列。清单项目设置的目的主要是编制工程量清单的需要,核算工程造价的需要,进行施工管理的需要,

如编制施工作业进度计划,组织人、财、物安排,统计工程数量等。

分部分项工程项目划分的方法主要是按专业工种划分,如一栋工业厂房可划分为建筑工程和安装工程两大部分,而安装工程又可分为机械设备安装和电气设备安装。电气设备安装又可细分为变配电所工程、动力工程、电气照明工程和防雷接地工程等。根据 2013 计价规范《通用安装工程计量规范》附录 D(电气设备安装工程)划分为 14 个分部工程。电气安装分部分项工程量清单项目名称的设置,应考虑 3 个因素:一是按《通用安装工程计量规范》附录中的项目名称;二是项目特征;三是拟安装电气工程的实际情况。

2)清单项目工程量计算的原则

(1)口径必须一致原则

所谓口径必须一致原则,是指在计算分部分项工程量时,根据施工图纸列出的分项工程的计量口径,必须与《通用安装工程计量规范》附录中的相应分项工程的计量口径相一致,符合"四统一"(项目编码、项目名称、计量单位、计算规则)的要求和准确地选用综合单价。例如电力变压器安装清单项目设置及工程量计算,应按《通用安装工程计量规范》附录 D.1 中的规定执行,030401001~030401007 都是变压器安装项目,在设置清单项目时,首先要区分要安装的变压器的类别,即名称、型号,再按其容量来设置项目和计算工程量。名称、型号、容量完全一样的,数量相加后,设置一个项目即可;型号、容量不一样的,应分别设置项目,分别编码和计算工程量。

(2)计量单位必须一致的原则

计量单位必须一致的原则,是指在计算工程量时,根据施工图纸列出的分项工程的计量单位,必须与计价规范中相应分项工程的计量单位相一致,这不仅是计价规范对分部分项工程量计算要满足"四统一"的要求,而且也是准确地选用综合单价和准确地计算造价的需要。例如,各种类型的变压器、断路器、互感器等安装分别以"台"计算;避雷器、干式电抗器、高压熔断器等安装分别以"组"计算;各种母线、电缆电线和滑触线等安装敷设分别以"m"计算等,所有这些都应注意分清,并与计价规范的规定保持一致。计价规范第 3.2.6 条第 2 项指出,工程数量的有效位数应遵守下列规定:以"吨"为单位,应保持小数点后三位数字,第四位四舍五入;以"立方米""平方米""米"为单位,应保持小数点后两位数字,第三位四舍五入;以"个""项"等为单位,应取整数。

(3)工程量计算必须与计量规则一致的原则

在计算电气安装分部分项工程量时,其工程量计算方法必须与计价规范规定的"工程量计算规则"相一致,不得各行其是。这不仅是计价规范"四统一"的要求,同时也才能符合确定工程造价的要求。

3)清单项目工程量计算的步骤

电气安装工程量清单编制的第一步工作,就是计算分部分项工程数量。分部分项工程量计算是一项极为复杂而又必须细心的工作。为了计算准确,防止错算、重算和漏算,应当按照一定的步骤和方法进行。电气安装分部分项工程量计算应按照以下步骤进行:

(1)列出分部分项工程名称

列出分项或子项工程名称,是指根据施工图纸规定内容,结合计价规范规定的分项工程名称,将其在工程量计算表的相应栏目内列出。分项工程名称的编写必须符合计价规范要求,即项目的规格、型号、材质等特征要求,并结合施工图设计内容的具体要求,使其清单项目名称具体化、细化,同时对附录中的缺项工程名称在进行补充时,对其名称的编写必须明确、严谨、简洁扼要,不能含糊其词,模棱两可。

(2)列出工程量计算公式

电气安装分项工程量计算公式,应在编列项目名称的同时,编写在该项目的工程量计算表的相应栏目内。计算公式的编列应按照施工图纸的排列次序进行,可先首层,后二层、三层等,也可先设备,后线路,再元件;对线路工程量的计算,可按先动力,后照明;先干线,后支线等顺序进行编列。

(3)进行数值运算

分项工程名称及计算公式全部列出后,就可以按照所列计算式的顺序逐项逐式地进行运算,并把运算结果数值填入表中工程量栏内,直到依次把所有分项工程量计算完为止。

(4)汇总工程量

按照顺序把各分项工程量计算完毕并经自我复核无误后,应按照计价规范中各分部分项工程的排列秩序进行汇总。所谓"汇总",就是把名称、规格、型号、材质等相同的各分项工程数量汇总,为下一步编制工程清单和套用综合单价作准备。

4)分部分项工程量清单举例

(1)工程概况

某办公楼电气安装工程位于××市郊区,交通运输方便。该办公楼砖混结构,5层,底层4.5 m,其余楼层层高3 m,建筑面积5 000 m^2,属二类建筑。本工程电源采用低压220/380 V电缆从该单位低压配电房引出,办公楼底层设一配电间,放射式供电,采用TN-C-S系统。

(2)招标工程量清单

该电气安装工程招标工程量清单中的分部分项工程量清单表如表1.3所示。

表1.3　分部分项工程量清单与计价表

工程名称:科技园区1号办公楼电气安装工程

序号	项目编码	项目名称	项目特征描述	计量单位	工程量	金额(元)		
						综合单价	合价	其中:暂估价
1	030404018001	配电箱 PZ3006	[项目特征] 名称、型号:PZ3006(320×240×180) [工程内容] 1.基础型钢制作、安装 2.箱体安装	台	2			
2	030404018002	配电箱 ZMX1	[项目特征] 名称、型号:ZMX1(420×320×180) [工程内容] 1.基础型钢制作、安装 2.箱体安装	台	10			

序号	项目编码	项目名称	项目特征描述	计量单位	工程量	金额(元)		
						综合单价	合价	其中:暂估价
3	030404018003	配电箱 ALE	[项目特征] 名称、型号:ALE(420×320×200) [工程内容] 1.基础型钢制作、安装 2.箱体安装	台	3			
4	030404017001	控制箱 AP	[项目特征] 名称、型号:AP(600×800×200) [工程内容] 1.基础型钢制作、安装 2.箱体安装	台	5			
5	030412003001	桥架 钢制槽式	[项目特征] 1.名称:桥架 2.材质:钢制槽式 3.规格:(150×100) [工程内容] 1.本体安装 2.接地	m	30			
6	030408001001	电力电缆,ZR-VV-3×70+1×35,电缆直埋	[项目特征] 1.型号:ZR-VV-3×70+1×35 2.敷设方式:电缆直埋 [工程内容] 1.电缆敷设 2.揭(盖)板	m	180.00			
7	030408003001	电缆保护管,PVC80	[项目特征] 材质、类型:PVC80 [工程内容] 保护管敷设	m	3			
8	030408006001	电缆终端头	[项目特征] 材质、类型:户内热缩式铜芯电缆头120以下 [工程内容] 1.电缆头制作、 2.电缆头安装 3.接地	个	2			

续表

序号	项目编码	项目名称	项目特征描述	计量单位	工程量	金额(元)		
						综合单价	合价	其中:暂估价
9	030411001001	配管 PVC40	[项目特征] 1.材质、规格:塑料管、PVC40 2.配置形式:吊棚暗配 [工程内容] 管路敷设	m	20.40			
10	030411001002	配管 PVC32	[项目特征] 1.材质、规格:塑料管、PVC32 2.配置形式:砖墙暗配 [工程内容] 1.管路敷设 2.预留沟槽	m	63.90			
11	030411001003	配管 PVC25	[项目特征] 1.材质、规格:塑料管、PVC25 2.配置形式:吊棚暗配 [工程内容] 管路敷设	m	241.10			
12	030411001004	配管 PVC20	[项目特征] 1.材质、规格:塑料管、PVC20 2.配置形式:砖墙暗配 [工程内容] 1.管路敷设 2.预留沟槽	m	3 559.10			
13	030411001004	配管 SC20	[项目特征] 1.材质、规格:塑料管、PVC20 2.配置形式:砖墙暗配 [工程内容] 1.管路敷设 2.预留沟槽 3.接地	m	383.92			
14	030411001005	配管 PVC16	[项目特征] 1.材质、规格:塑料管、PVC20 2.配置形式:吊棚暗配 [工程内容] 管路敷设	m	4 419.20			

序号	项目编码	项目名称	项目特征描述	计量单位	工程量	金额(元)		
						综合单价	合价	其中:暂估价
15	030411006001	接线盒	[项目特征] 材质、规格:包括开关盒、插座盒、分线盒 [工程内容] 本体安装	个	398			
16	030411004001	配线 BVV-25 mm²	[项目特征] 材质、类型:BVV-25 mm² [工程内容] 1.配线 2.支持体安装	m	149.11			
17	030411004002	配线 BVV-16 mm²	[项目特征] 材质、类型:BVV-16 mm² [工程内容] 1.配线 2.支持体安装	m	189.90			
18	030411004003	配线 BV-6 mm²	[项目特征] 材质、类型:BV-6 mm² [工程内容] 1.配线 2.支持体安装	m	1 112.36			
19	030411004004	配线 BV-2.5 mm²	[项目特征] 材质、类型:BV-2.5 mm² [工程内容] 1.配线 2.支持体安装	m	94 654.5			
20	030412004001	荧光灯 单管(1×40)	[项目特征] 1.名称:单管荧光灯 2.型号:1×40 W 3.安装形式:吸顶安装 [工程内容] 本体安装	m	238			

续表

序号	项目编码	项目名称	项目特征描述	计量单位	工程量	金额(元)		
						综合单价	合价	其中:暂估价
21	030412004002	荧光灯双管(2×20)	[项目特征] 1.名称:双管荧光灯 2.型号:2×20 W 3.安装形式:吸顶安装 [工程内容] 本体安装	套	132			
22	030412004003	荧光灯应急灯(20 W)	[项目特征] 1.名称:应急荧光灯 2.型号:20 W 3.安装形式:安装高度距地2.2 m [工程内容] 本体安装	套	16			
23	030412004004	荧光灯出口指示灯(2×8 W)	[项目特征] 1.名称:出口指示灯 2.型号:2×8 W 3.安装形式:安装高度距地2.5 m [工程内容] 本体安装	套	8			
24	030412001001	普通灯具裸灯(40 W)	[项目特征] 名称、型号、规格:裸灯(1×40 W) [工程内容] 本体安装	套	38			
25	030412001002	普通灯具球形吸顶灯,1×25 W	[项目特征] 名称、型号、规格:球形吸顶灯,1×25 W [工程内容] 本体安装	套	40			
26	030412001003	普通灯具半园球形吸顶灯,1×25 W	[项目特征] 名称、型号、规格:半圆球形吸顶灯,1×25 W [工程内容] 本体安装	套	10			

序号	项目编码	项目名称	项目特征描述	计量单位	工程量	金额(元)		
						综合单价	合价	其中：暂估价
27	030412003001	装饰灯筒灯 2×18 W,吸顶安装	[项目特征] 名称、型号、规格:半圆球形吸顶灯,2×18 W [工程内容] 本体安装	套	68			
28	030404034001	照明开关单联单控	[项目特征] 名称:翘板式暗装三联单控开关 PHILIPS [工程内容] 安装	个	158			
29	030404034002	照明开关双联单控	[项目特征] 名称:翘板式暗装三联单控开关 PHILIPS [工程内容] 安装	个	42			
30	030404034003	照明开关三联单控	[项目特征] 名称:翘板式暗装三联单控开关 PHILIPS [工程内容] 安装	个	20			
31	030404035001	插座三孔插座	[项目特征] 1.名称:单相普通插座 PHILIPS 2.规格:16 A [工程内容] 安装	个	560			
32	030404035002	插座五孔插座	[项目特征] 1.名称:五孔单相普通插座 PHILIPS 2.规格:16 A [工程内容] 安装	个	200			

续表

序号	项目编码	项目名称	项目特征描述	计量单位	工程量	金额(元)		
						综合单价	合价	其中:暂估价
33	030409005001	避雷带、网 扁钢25×4	[项目特征] 受雷体名称、材质:避雷网-40×4镀锌扁钢 [工程内容] 1.避雷网制作、安装 2.跨接	m	198.60			
34	030209003001	避雷引下线利用主筋焊接	[项目特征] 名称、安装形式:利用柱内主筋焊接 [工程内容] 安装	m	86.56			
35	030414002001	送配电装置系统调试1 kV以下	[项目特征] 名称、电压等级、类型:低压系统调试 [工程内容] 调试	系统	1			
36	030414008001	接地装置调试	[项目特征] 名称、类别:接地系统调试 [工程内容] 接地电阻测试	系统	1			

1.4 电气安装工程定额

1.4.1 电气安装工程定额

电气安装工程费用是指工程建设中永久性和临时性需要装配、起吊、就位、校正、固定的各种电气设备以及与设备相连的工作台、梯子等的制作安装和附属于被安装设备的管道线路敷设、绝缘、保温、刷油、质量测定、试运转等工作过程中所发生的费用总和,称为安装工程费或电气设备安装费。

定额计价模式是我国工程造价计价的传统模式,现行《全国统一安装工程预算定额》(GYD-202—2000),共十三册,其中第二册为《电气设备安装工程》。

　　《全国统一安装工程预算定额》是根据国家或地区颁发的统一预算定额规定的"工、料、机"消耗量的工程实物数量,套用相应的定额单价(基价)计算出直接工程费,再在直接工程费的基础上计算出各项相关费用及税金,最后汇总形成安装工程预算造价。

1)定额组成内容

　　《全国统一安装工程预算定额》(以下简称统一定额)由总说明、目录、分部工程说明、分项工程定额表、附录等组成。

　　①总说明:主要说明统一定额包括的内容、适用范围、定额用途、编制依据;定额中人工、材料、施工机械耗用量的确定依据和原则,可以按系数计取费用的项目及其费率;定额包括与未包括的内容等。

　　②分部说明:主要说明选用材料的规格和技术指标,工程量计算规则;定额换算的规定;定额包括工作内容以及使用定额应注意的事项等。

　　③分节说明:主要说明本节工程项目的主要工序的内容。例如,电缆敷设工程的分节说明的工程内容包括:开盘、检查、架盘、敷设、锯断、排列、整理、固定、收盘、临时封头、挂牌。分节说明列于定额表头的左上方。

　　④项目表:横向排列为定额编号,分项工程名称及规格、基价,竖向排列为人工、材料和施工机械消耗量指标,供编制工程预算价格表及换算定额单价时使用。在有些项目表的下面还列有附注,说明设计与定额不符时怎样进行调整,以及应说明的问题。

　　⑤附录:现行电气工程预算定额的附录包括有主要材料损耗率表和装饰灯具安装工程示意图集两个附录。材料损耗率附录供定额换算、编制施工作业计划以及队组核算等使用,装饰灯具安装工程示意图供选套定额单价时使用。

　　电气设备安装工程预算定额组成内容及定额编号见表1.4。

表 1.4　电气设备安装工程预算定额组成内容

定额章	名　称	子目编号	定额章	名　称	子目编号
一	变压器	2-1-30	九	防雷及接地装置	2-688-752
二	配电装置	2-31-106	十	10 kV 以下架空配电线路	2-753-837
三	母线、绝缘子	2-106-235	十一	电气调整试验	2-838-974
四	控制设备及低压电气	2-236-378	十二	配管、配线	2-975-1381
五	蓄电池	2-379-426	十三	照明器具	2-1382-1710
六	电机	2-427-481	十四	电梯电器装置	2-1711-1861
七	滑轴线装置	2-482-520	附录一	主要材料损耗表	
八	电缆	2-521-687	附录二	装饰灯具安装工程	

1.4.2　电气安装工程包含的设备

为了更好地学习和理解电气安装工程的内容,下面列出《全国统一安装工程预算定额》中第二册《电气设备安装工程》的主要设备安装工程的内容。

①变压器:包括油浸电力变压器安装、干式变压器安装、消弧线圈安装、电力变压器的干燥、变压器吊芯检查、变压器油过滤。

②配电装置:包括油断路器安装,真空断路器、SF6断路器安装,大型空气断路器、真空接触器安装,隔离开关、负荷开关安装,互感器安装,熔断器、避雷器安装,电抗器安装,电抗器干燥,电力电容器安装,并联补偿电容器组架及交流滤波装置安装,高压成套配电柜安装,组合型成套箱式变电站安装。

③母线、绝缘子:包括绝缘子安装,穿墙套管安装,软母线引下线、跳线及设备连线,组合母线安装,带型母线安装,带型母线引下线安装,带型母线用伸缩接头及铜过渡板安装,槽型母线安装,槽型母线与设备连接,共箱母线安装,低压封闭式插接母线槽安装,重型母线安装,重型母线伸缩器及导板制作和安装,重型铝母线接触面加工。

④控制设备及低压电器:包括控制、继电、模拟及配电屏安装,硅整流柜安装,可控硅柜安装,直流屏及其他屏(柜)安装,控制台、控制箱安装,成套配电盘、箱、板安装,控制开关安装,熔断器、限位开关安装,控制器、接触器、启动器、电磁铁、快速自动开关安装,电阻器、变阻器安装,按钮、讯响、指示灯执行机构安装,水位电气信号装置,仪表、电器、小母线安装,分流器安装,盘柜配线,端子箱、端子板安装及端子板外部接线,焊铜接线端子,压铜接线端子,压铝接线端子,穿通板制作、安装,母线木夹板制作、安装,基础槽钢、角钢安装,铁构件制作、安装及箱、盒制作,木配电箱制作、配电箱制作,床头柜集控板安装,自动冲水感应器、风机盘管接线。

⑤蓄电池:包括蓄电池防震支架安装,碱性蓄电池安装,固定封闭式铅酸蓄电池安装,免维护铅酸蓄电池安装,蓄电池充放电。

⑥电机:包括发电机及调相机接线,小型直流电机接线,小型异步电机接线,小型交流同步电机接线,小型防爆式电机接线,小型立式电机接线,微型电机、变频机组接线,电磁调速电动机接线,户用锅炉电气装置接线、小型电机干燥,大中型电机干燥。

⑦起重设备电气装置:包括电动双梁桥式起重机电气安装,抓斗式、电磁式桥式起重机电气安装,双小车吊钩桥式起重机电气安装,锻造桥式起重机电气安装,双钩挂梁桥式起重机电气安装,门式起重机电气安装,单梁式起重机电气安装,悬臂式起重机电气安装,电动葫芦电气安装,轻型滑轴线安装,安全节能型滑轴线安装,角钢、扁钢滑轴线安装,圆钢、工字钢滑轴线安装,滑轴线支架安装,滑轴线拉紧装置及挂式支持器制作、安装,移动软电缆安装。

⑧电梯电气装置:包括自动电梯安装,小型杂物电梯,液压电梯、自动扶梯、步行道电气安装,电梯增加厅门、轿厢门及提升高度。

⑨电缆:包括电缆沟铺沙、盖砖及移动盖板,电缆保护管敷设及顶管,桥架安装,电缆敷设,户内环氧浇注式电力电缆终端头制作安装,户内浇注式电力电缆终端头制作安装,户内干包式电力电缆终端头制作安装,户内热缩电力电缆终端头制作安装,户内冷缩电力电缆终端头制作安装,户内电力电缆终端头制作安装,电力电缆中间头制作安装,穿刺线夹安装,控制电缆头制作安装,矿物绝缘电缆终端头、中间头制作安装。

⑩防雷及接地装置:包括接地极(板)制作、安装,接地母线敷设,接地跨接线安装,避雷针

制作、安装,半导体少长针消雷装置安装,避雷引下线敷设,桩承台接地线安装,球形避雷器安装,等电位箱、预埋接地板安装。

⑪10 kV 以下架空配电线路:包括工地运输,施工定位及路灯编号,底盘、拉盘、卡盘安装及电杆防腐,电杆组立,横担安装,拉线制作、安装,导线架设,导线跨越及进户线架设,杆上变配电设备安装。

⑫电气调整试验:包括发电机、调相机系统调试,电力变压器系统调试,送配电装置系统调试,特殊保护装置系统调试,自动投入装置调试,中央信号、事故照明切换装置、不间断电源调试,母线、避雷器、电容器、接地装置调试,电抗器、消弧线圈、电除尘器调试,普通小型直流电动机调试,可控硅调速直流电动机调试,普通交流同步电动机调试,低压交流异步电动机调试,高压异步电动机调试,交流变频调速电动机调试,微型电机、电加热器调试,电动机组及联锁装置调试,绝缘子、套管、绝缘油试验、电缆泄露试验,起重机电气调试,电梯电气试验调试。

⑬配管、配线:包括扣压式薄壁钢套管明、暗配,电线管敷设,钢管敷设,防爆钢管敷设,可绕金属套管敷设,塑料管敷设,金属软管敷设,管内穿线,鼓形绝缘子配线,针式绝缘子配线,蝶式绝缘子配线,塑料槽板配线,塑料护导线明敷设,线槽配线,钢索架设,母线拉紧装置及钢索拉紧装置制作、安装,车间带型母线安装,线槽安装及柜型管安装,人防穿墙管、过墙管制作安装,接线箱安装,接线盒安装。

⑭照明器具:包括普通灯具安装,装饰灯具安装,荧光灯具安装,嵌入式地灯安装,工厂灯及防水防尘灯安装,工厂其他灯具安装,医院灯具安装,路灯安装,开关、按钮、插座安装,安全变压器、电铃、风扇安装,盘管风机开关、请勿打扰灯、须刨插座、钥匙取电器安装,红外线浴霸安装,地面插座安装,艺术喷泉电气设备安装,喷泉防水配件安装,艺术喷泉照明安装。

⑮定额中两个附录:附录一为主要材料损耗表,附录二为装饰灯具安装工程(示意图集)。

电气工程预算定额是编制施工图预算、办理工程结算、进行设计技术经济分析、编制施工作业计划的主要依据。因此,工程预算人员和基建财务人员都应熟练掌握、正确运用。

1.4.3　清单项目与定额项目的比较

①清单列项属综合项目,概括性强;定额项目细致,细节性强。例如清单中变压器安装,包括所有安装内容,只 1 个清单项目。定额中变压器安装包括基础型钢制作、安装,变压器干燥,变压器本体安装等多个定额子目,分属不同的子项编码。

②清单列项也有很多被单独提出来。例如,电缆敷设的挖土石方,在统一定额中属于第二册《电气设备安装工程》中的内容,在 2013 计价规范中属于按《房屋建筑与装饰工程计量规范》附录 A.1 中的规定执行的内容。又如,电梯、起重机安装工程,在统一定额中属于第二册《电气设备安装工程》中的内容,在 2013 计价规范中属于按《通用安装工程计量规范》附录 A.7 中的规定执行的内容。

③清单列项也有些重要的安装工程被特别提出来单独列项的,如桥架进行单独列项、电缆保护管进行单独列项等。

现行预算基础定额的项目一般是按施工工序、工艺进行设置的,定额项目包括的工程内容一般是单一的。工程量清单项目的设置是以一个"综合实体"考虑的 ,"综合项目"一般包括多个子目工程内容。

总之,清单项目的名称、项目特征、单位、工程内容与定额中的定额编号、工程内容不一定相同,在招投标中,需要对其中的项目特征描述清楚、准确,才能做好招标书、招标工程量清单及投标报价。

复习思考题 1

1.现行建设项目投资由几个部分构成?

2.基本建设工程项目一般是怎样划分的?

3.电气工程造价的含义是什么?

4.电气工程造价的模式有哪些?

5.电气安装工程造价采用定额计价模式的构成部分有哪些?

6.电气安装工程造价采用清单计价模式的构成部分有哪些?

7.比较采用清单计价与定额计价的区别。

8.实行工程量清单计价的意义主要有哪些?

9.工程量清单的含义?

10.工程量清单计价的特点和方法?

11.《全国统一安装工程预算定额》(GYD-202—2000)包含哪些内容?

2 电气工程施工图的识图

2.1 概　述

电气安装工程通常是指一个建设项目或工程项目的供配电工程。由于一个建设项目或工程项目的建设性质(新建,扩建,改建等)、工程性质(工业或民用)、产品类型(轻工业,重工业,农业)、建设规模等的不同,其电气安装工程种类当然也就不同。

电气工程施工图是表达电气工程设计人员对工程内容构思的一种文字图画。它是以统一规定的图形符号辅以简单的文字说明,把电气工程师们所设计的电气设备安装位置、配管配线方式、灯具安装规格、型号以及其他一些特征和它们相互之间的联系及其实际形状表示出来的一种图样。

电气施工图是电气安装工程施工的重要组成部分,是指导电气工程安装施工的"语言"。因此,施工图的图面必须简明正确,符合施工要求;图上的文字、数字、线型、图形、符号必须符合统一规定的标准制图方法;图纸规格必须准确,各有关部分必须一致,无矛盾,以满足施工要求。

电气工程有了施工图,就可以按照它进行安装施工,就可以根据它并结合计价规范和统一定额中的工程量计算规则等资料,计算出电气安装工程的实物工程量,作为编制工程量清单和施工图预算、核算工程造价的依据。因此,工程造价人员必须首先学会阅读电气施工图,理解并熟悉电气施工图中所表达的内容和深刻含义,也只有掌握了读图这项基本功,才能更好地进行电气安装工程造价文件的编制工作。

2.1.1　电气工程施工图的种类

按国家标准 GB/T 6988《电气技术用文件的编制》规定,电气施工图可分为以下 15 种:

①系统图:表示系统的基本组成、相互关系及其主要特征的一种简图。

②功能图:表示理论或理想的电路而不涉及实现方法的一种简图,是提供设计绘制电路和其他有关简图的依据。

③逻辑图:是指用二进制逻辑单元图形符号绘制的一种简图。

④表图:表示系统的作用和状态的一种图。

⑤电路图:用图形符号按工作顺序排列,详细表示电路、设备或器件的组成和连接关系的一种简图。

⑥等效电路图:表示理论的或理想的元件及其连接关系的一种功能图,这种图一般仅供分

析和计算电路电性和状态之用。

⑦端子功能图：表示功能单元全部外接端子，并用功能图、表图或文字表示其内部功能的一种简图。

⑧程序图：表示程序单元和程序片及其互连关系的一种简图。

⑨设备元件表：表示设备或装置名称、型号、规格、数量和相应数技术数据的表格，其用途是供设备组装及连接使用。

⑩接线图：表示成套装置或设备的电路连接关系，用以接线和检查、测试等。

⑪单元接线图（单元接线表）：表示成套装置或设备中一个单元内的连接关系的一种接线图或接线表。

⑫互连接线图（表）：表示成套装置或设备中不同单元之间连接关系的一种接线图或接线表。

⑬端子接线图（表）：表示成套装置或设备的端子及接在端子上的外部接线的接线图（表）。

⑭数据单：特定项目给出详细信息的资料。

⑮位置简图：表示设备或装置中各个项目安装位置的简图。

2.1.2 电气工程施工图的特点

掌握电气工程图的特点，对阅读电气施工图具有很重要的指导作用。

①图形文字符号。文字符号是构成电气施工图的基本要素，电气工程图除扼要的文字说明外，主要是采用国家统一规定的图形符号并加注文字符号绘制而成。所以，图形符号和文字符号就是构成电气安装工程施工图的语言"词汇"。具体见 GB/T 4728《电气简图用图形符号》或见国家建筑标准设计图集 09DX001《建筑电气工程设计常用图形符号和文字符号》。

②元件和连接线是电气工程图描述的主要内容。一种电气装置或系统，主要由电气元件和连接线构成，无论是说明电气工作原理的电路图，表示供电关系的电气系统图，还是表明安装位置和接线关系的平面图和接线图等，都是以电气元件和连接线作为描述的主要内容。由于电气工程师对元件和连接线描述方法不同，从而形成了电气工程施工图的多样性。

③电路都必须构成闭合回路。众所周知，只有构成闭合回路的电路，电流才能够流通，电气设备才能启动和正常工作。一个电路的组成，包括 4 个基本要素，即：电源、负荷、导线、控制及保护设备。

④电路、设备等构成一个整体。任何一个电路中的电气设备、元件等，彼此之间都是通过导线将其连接起来构成一个整体。

⑤电气工程施工通常与主体工程（土建）及其他安装工程（水暖管道、工艺管道、通风管道、通信线路、消防系统及机械设备安装工程等）施工相互配合进行。例如：暗设线路的穿线管敷设、开关、插座安装孔位置等都是在墙体砌筑、地（楼）面铺设的同时进行敷设和预留。

2.2　电气工程施工图的一般规定

　　每一项工程都离不开图纸,电气工程师对电气工程建设中诸多问题的构思是通过施工图纸的形式来表达的。施工图纸是表示信息的一种严肃的技术文件,各级设计单位不得各自为政,必须按照国家或部门规定的统一格式执行,以便达到电气工程施工图是指导工程施工"语言"的目的。

　　一个工程项目的电气施工图纸,少者有十张八张,多者有几十张,甚至上百张。因此,电气工程施工图阅读应在掌握图纸内容组成的基础上,按照一定的步骤和方法进行,才能获得比较好的效果。

　　无论是哪一类的电气工程施工图,它们的组成一般主要包括:施工说明、设备材料表、系统图、平面图和安装详图等。

　　建筑电气包括建筑电气安装工程(强电)和智能建筑工程(弱电)两大部分内容。建筑电气安装工程包括电力线路工程(外线施工、室内配线)、变配电所工程、照明工程、动力工程、防雷接地工程;智能建筑工程包括火灾自动报警工程、电话系统、有线电视系统、数据通信系统、综合布线系统、安防系统(闭路监控系统、巡更系统、门控可视对讲系统等),工程招投标视具体情况进行分项目、分标段、分专业等进行。识读图纸时可先了解整个工程概况,电气安装要求情况,然后根据招投标的对象找出相应的电气施工图纸进行分析。

　　电气工程施工图识读的一般方法:

　　(1)查看图纸目录

　　为了迅速地了解该工程的某一部分内容,首先应该查看它的图纸目录,看某一部分内容在哪一张图纸上。图纸目录主要标明该项工程由哪些图纸组成,每一张图纸的名称、图号和张次。

　　(2)阅读设计说明和图例符号

　　电气安装工程的施工图要满足施工的要求,一般仅以平面图、系统图和详图来表明还不够,特别是安装质量标准和某些具体施工做法,就需要通过阅读设计说明来解决。设计说明主要阐明该工程项目的概貌、设计依据、设计标准以及施工要求和应注意事项等。因此,在电气施工图阅读的全过程中,阅读文字说明是弄清楚施工图设计内容的重要环节,必须认真细心,逐条领会设计意图和施工工艺的要求。

　　由于电气设备的安装位置、配线方式以及其他一些特征,都是以统一规定的图形符号来表达的,因此,在识读施工图时,首先要了解有关的图例符号所代表的内容。

　　(3)互相对照、综合看图

　　一整套建筑电气工程施工蓝图,是由变配电系统、照明系统、动力系统、防雷接地系统等许多张图纸组成的,各图纸之间是互相配合、紧密联系的。因此,看图时应将各有关图纸互相对照,有联系地综合看图。

（4）按层次和线路走向看图

供电系统是由电源，通过干线、支线，最后与用电设备、器具相连接。因此，看图时可从引入处开始，按线路走向进行，了解整个线路情况及其相关电气设备情况，直到最终了解系统全貌形成完整的形象概念。

分析图纸时也可从末端看到首端，先分析每一个房间的用电配置情况，每一个灯、开关、插座，每一处支线，再支干线，分配电箱，到干线，到楼层总配电箱，再到竖向干线，配电房低压侧，到变压器，变压器高压侧，到电源。

（5）按逻辑思路看图

看图顺序一般先看设计施工说明，然后是系统图，再是平面图、剖面图、安装详图。这对了解建筑电气工程的组成内容是一个相对快捷的方式。

2.3　电气施工图图纸分析

建筑电气施工图纸从原理图（系统图）到位置图（平、剖面图），从变配电所工程图、照明工程图、动力工程图、防雷接地工程图，到弱电工程图，一套图纸少则十几张，多则一百多张，本书由于篇幅所限，只对一个简单办公科研楼照明工程进行典型介绍。图 2.2～图 2.3 为某办公科研楼照明工程的图例说明、照明系统图、一层照明平面图、二层照明平面图。

2.3.1　设计施工说明

①本工程位于某市区，交通运输方便。该建筑砖混结构，共 2 层，底层高 4.0 m，二层高 3.5 m，属二类建筑。

②该办公科研楼电源由附近市电电源 220/380 V 架空引入，进户线采用 BLX-500-3×35+1×25。

③本工程接地系统采用 TN-C-S 系统，进户前重复接地，在室外人工埋设角钢接地极和接地扁钢，接地电阻小于 10 Ω。

2.3.2　照明系统图

在照明工程图的识读图中，没有确定的读图顺序，根据个人习惯及图纸的复杂程度，可以先看平面图，也可以先看系统图。

在此，先识读该办公科研楼的系统图。该办公科研楼规模小，只设置一个配电箱，该配电箱的系统图即为该办公科研楼的系统图，平时所见系统图多为单线绘制的系统图，该配电箱系统图采用多线绘制，更清晰地描绘了进出线情况。

从图 2.1 可以看出，配电箱编号 AL1，型号 XM99J-2312/1，电源进线 BLX-500-3×35+1×25，设电度表一只，进线控制采用 QA-200 隔离开关和自动空气开关 C65N-100/3P（带漏电保护），配电箱出线回路 WL1—WL9 分别到办公楼的各处房间，图中仔细描述了各出线的功能、部位、相序、开关型号规格、出线型号规格及敷设方式及敷设部位。

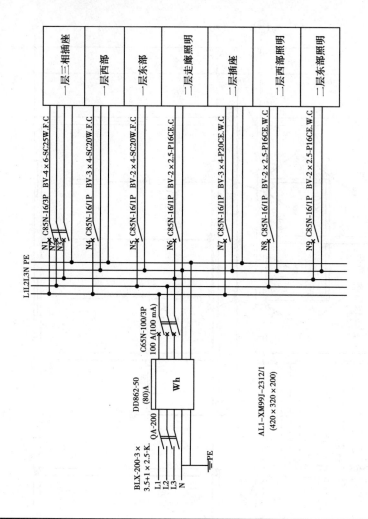

主要设备材料表

序号	图形	设备名称	备 注
1	/ /	引线标记	
2	◗	半圆球型吸顶灯	
3	⊚	防水防尘灯	
4	⊗	三孔插座(洗衣机)	
5	I	单管荧光灯	
6	II	双管荧光灯	
7	III	三管荧光灯	
8	∞	风扇	
9	⊾	三相暗装插座	距地1.4 m
10	⊿	三相防爆插座	距地1.4 m
11	⊥	带接地极单相暗装插座	距地1.4 m
12	⌐•	单联暗装开关	距地1.3 m
13	⌐•	双联暗装开关	距地1.3 m
14	⌐•	双控暗装开关	距地1.3 m
15	⌶	节能吸顶灯	
16	▬	照明配电箱	底边距地1.5 m

(a)图例说明

图2.1 照明系统图

(b)办公楼照明系统图

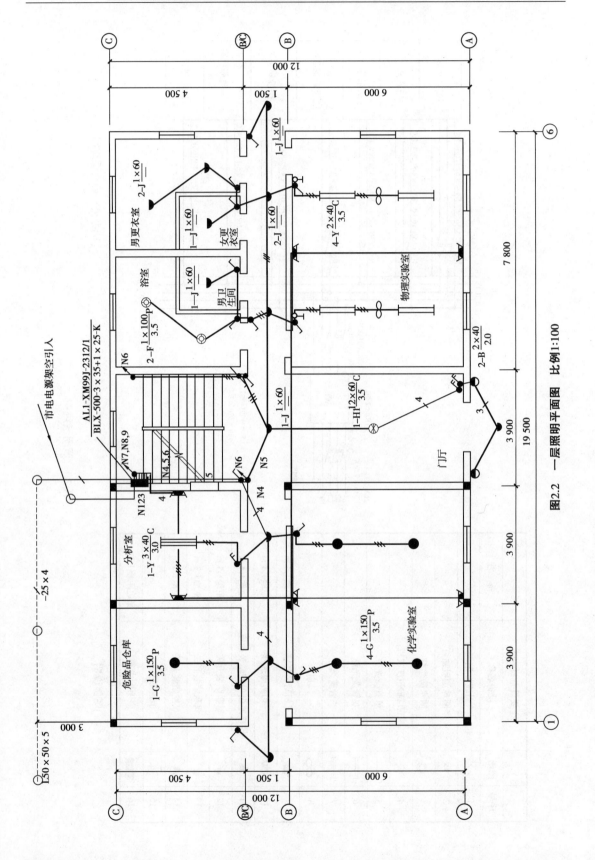

图2.2 一层照明平面图 比例1:100

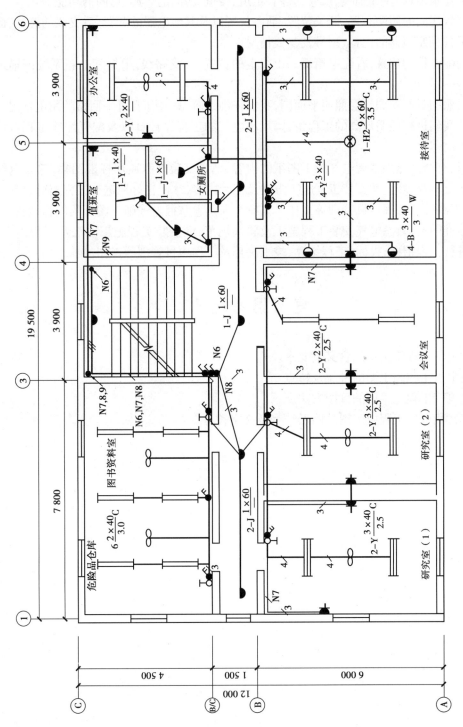

图2.3 二层照明平面图 比例1:100

2.3.3　照明平面图

①在识读照明平面图之前,阅读图例说明。

②了解建筑结构,比如轴线、尺寸,大门、走道、楼道,房间的布局、房间的功能等。

③了解各房间的照明布置、开关位置、插座位置以及其他电器的配置,看支线的路径,图中仔细描述了各种照明器的位置、型号及支线情况。

④找到配电箱的位置,看配电箱每一出线走的位置、分支路线,根据配电箱系统图描述的出线回路一一对应。

从一层照明平面图到二层照明平面图,我们仔细了解每一房间、每一回路的用电情况。照明平面图是我们进行照明灯具的工程量计算、小电气的工程量计算以及配管配线工程量计算的依据。

总之,只有全面熟悉掌握电气施工图纸的内容,熟悉安装规范通用标准图集,熟悉电气安装工程施工及验收规范,懂安装工程施工方法及工程内容,才能良好地进行工程招标、投标、工程结算、竣工决算及工程项目管理等工作。只有全面熟悉掌握电气施工图纸的内容,熟悉安装规范通用标准图集,熟悉电气安装工程施工及验收规范,懂安装工程施工方法及工程内容,才能良好地进行工程招标、投标、工程结算、竣工决算及工程项目管理等工作。

复习思考题 2

1.简述电气工程施工图的含义及要求。

2.简述电气工程施工图的种类及特点。

3.简述电气工程施工图的读图方法。

4.简述常用电气工程施工图的图形符号及文字符号。

3 建筑电气安装工程及工程量计算

在熟悉建筑电气安装工程的施工图纸之后,就开始进行电气安装工程的工程量计算。

3.1 变压器安装

3.1.1 概述

变配电所是供配电系统的中间枢纽,为建筑内用电设备提供和分配电能,是建筑供配电系统的重要组成部分。变配电所担负着从电力系统受电、变电、配电的任务。

在变配电工程中,变压器为最重要的核心设备,担负着变电降压的作用。常见的电力变压器有 SL 型、S 型、SC 型、SCL 型、SG 型等。例如:SL7-800kVA-10/0.4-Y/Y0,表示三相油浸式铝绕组变压器,容量为 800 kVA,变比为 10 kV 降到 0.4 kV,变压器一次绕组接成星形,二次绕组也接成星形,二次绕组中性点接地;SC-2000/10,表示三相环氧树脂浇注干式铜绕组变压器,容量为 2 000 kVA,高压绕组电压等级为 10 kV。

3.1.2 变压器的安装

电力变压器的安装工艺流程如图 3.1 所示。

室内电力变压器的安装,必须在建筑工程具备下列条件时才可进行施工:

①屋顶、楼板已施工完毕,且无渗漏水。

②室内地面的基层已施工完毕。

③混凝土基础及构架的强度、焊接构件的质量都符合要求。

④预埋件及预留孔与设计吻合,预埋件牢固可靠。

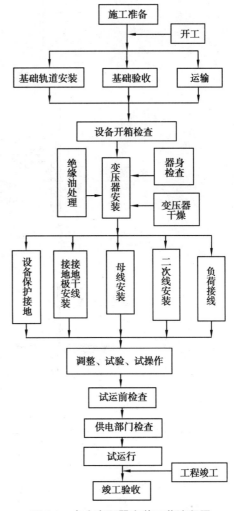

图 3.1　电力变压器安装工艺流程图

⑤模板及施工设施拆除,道路通畅。

变压器的安装基础及基础轨道多交由土建施工,变压器安装前应根据变压器尺寸对基础进行验收,尺寸符合设计并与变压器本体尺寸相符后即可进行变压器安装。

变压器的安装参见标准图集07J912-1,图3.2为干式变压器安装示例。

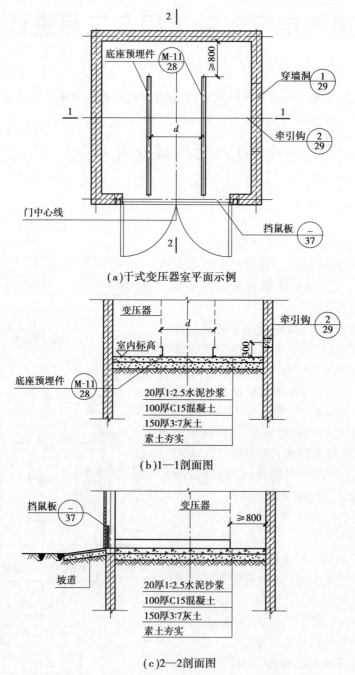

(a)干式变压器室平面示例

(b)1—1剖面图

(c)2—2剖面图

图3.2 干式变压器室示例

3.1.3 清单项目设置

根据被安装变压器的名称、型号和规格进行工程量清单项目设置,如果其名称、型号和规格完全相同时,数量相加后设置一个项目,反之,应分别进行清单列项,分别编码。2013 计价规范《通用安装工程计量规范》附录 D(电气设备安装工程) D.1 中,由于变压器名称、型号、规格不同,设置了 6 个项目。

①油浸电力变压器:清单编码 030401001×××,计量单位"台"。

②干式变压器:清单编码 030401002×××,计量单位"台"。

③整流变压器:清单编码 030401003×××,计量单位"台"。

④自耦变压器:清单编码 030401004×××,计量单位"台"。

⑤有载调压变压器:清单编码 030401005×××,计量单位"台"。

⑥电弧变压器、电抗器及消弧线圈安装:清单编码 030401006×××,计量单位"台"。

3.1.4 工程量计算规则及工程内容

变压器安装工程按《通用安装工程计量规范》附录 D.1 中的规定执行。各种电力变压器安装工程量应按照设计图示数量,区分型号、规格、容量的不同,分别以"台"计算。工程内容包括基础槽钢制作、安装,本体安装,油过滤,干燥,网门及铁构件制作、安装,刷(喷)油漆等。

例如:

项目名称:油浸式变压器。

项目编码:030401001001。

项目特征:S9-800 kVA-10/0.4 kV ,室内安装。

计量单位及工程量计算:2 台。

工作内容:基础型钢制作、安装,本体安装,油过滤,干燥,网门及铁构件制作、安装,刷(喷)油漆。

3.2 配电装置安装

3.2.1 概述

在供配电系统中采用一整套高、低压电器、器具、元件、屏、盘、柜、台、母线等组成,并用以接受和分配电能的装置称为配电装置。它可分为高压配电装置和低压配电装置两大类。但高压配电装置又可分为室内与室外两种,《建筑工程工程量清单计价规范》中的配电装置与《全国统一安装工程预算定额》第二册(电气设备安装工程)GYD-202—2000 中第二章"配电装置"项目基本相对应。

3.2.2 清单项目设置

配电装置工程量清单项目设置,应依据设计施工图所示的工程内容,按 2013 计价规范《通用安装工程计量规范》附录 D.2 中的项目名称、型号、规格、容量等设置具体项目名称,按对应的项目编码编好后 3 位码,编码为 030402001×××~030402018×××。

①油断路器:清单编码 030402001×××,计量单位"台"。

②真空断路器:清单编码 030402002×××,计量单位"台"。

③SF6 断路器:清单编码 030402003×××,计量单位"台"。

④空气断路器:清单编码 030402004×××,计量单位"台"。

⑤真空接触器:清单编码 030402005×××,计量单位"台"。

⑥隔离开关:清单编码 030402006×××,计量单位"组"。

⑦负荷开关:清单编码 030402007×××,计量单位"组"。

⑧互感器:清单编码 030402008×××,计量单位"台"。

⑨高压熔断器:清单编码 030402009×××,计量单位"组"。

⑩避雷器:清单编码 030402010×××,计量单位"组"。

⑪干式电抗器:清单编码 030402011×××,计量单位"组"。

⑫油浸电抗器:清单编码 030402012×××,计量单位"台"。

⑬移相及串联电容器:清单编码 030402013×××,计量单位"个"。

⑭集合式并联电容器:清单编码 030402014×××,计量单位"个"。

⑮并联补偿电容器组架:清单编码 030402015×××,计量单位"台"。

⑯交流滤波装置组架:清单编码 030402016×××,计量单位"台"。

⑰高压成套配电柜:清单编码 030402017×××,计量单位"台"。

⑱组合型成套箱式变电站:清单编码 030402018×××,计量单位"台"。

3.2.3　工程量计算规则

配电装置安装工程的内容,包括各种断路器、真空接触器、隔离开关、负荷开关、互感器、电容器、滤液装置、高压成套配电柜、组合型成套箱式变电站及环钢柜等安装。其工程量应区分不同名称、不同特征和工程内容,分别按设计图示数量以"台""组""个"为单位计算。

例如:

项目名称:高压成套配电柜。

项目编码:030402017001。

项目特征:高压环网柜 HXGN-10,进线柜。

计量单位及工程量计算:2 台。

工作内容:基础槽钢制作、安装,柜体安装,支持绝缘子、穿墙套管耐压试验及安装,穿通板制作、安装,母线桥安装,刷油漆。

3.2.4　配电装置安装工程量计算相关说明

①对油断路器、六氟化硫(SF6)断路器等清单项目描述时,一定要说明绝缘油、SF6 气体是否设备带有,以便计价时确定是否计算这部分费用。

②设备安装如有地脚螺栓者,清单中应注明是由土建施工预埋还是由安装者浇注,以便确定是否计算二次灌浆费用(包括抹面)。

③绝缘油过滤的描述和过滤油量的内容一定要表述清楚,以便计算。

④配电装置安装工程量计算规则没有综合绝缘台安装,如果设计有此项要求,其内容一定

要表述清楚,以免漏项。

配电柜的安装详见标准图集及施工验收规范。

配电柜的安装通常是以角钢或槽钢作基础。为便于今后维修拆换,多采用槽钢。型钢的埋设方法,一般有下列两种:

①随土建施工时在混凝土基础上根据型钢固定尺寸,先预埋好地脚螺栓,待基础混凝土强度符合要求后再安放型钢。也可在混凝土基础施工时预先留置方洞,待混凝土强度符合要求后,将基础型钢与地脚螺栓同时配合土建施工进行安装,再在方洞内浇筑混凝土。

②随土建施工时预先设置固定基础型钢的底板,待安装基础型钢时与底板进行焊接。

配电柜的接地应良好。每台柜单独与基础型钢做接地连接,每台柜从后面左下部的基础型钢侧面焊上鼻子,用截面积不小于 6 mm² 铜导线与柜上的接地端子连接牢固。基础型钢是用 40×4 镀锌扁钢做接地连接线,在基础型钢的两端分别与接地网焊接,搭接面长度为扁钢宽度的 2 倍,且至少应在 3 个棱边焊接。

基础槽钢、角钢的安装工程量计算在统一定额中计量单位按"10 m"计,基础槽钢、角钢的制作工程量在统一定额中计量单位按"100 kg"计。

3.3 母线安装

3.3.1 概述

母线是变配电工程中主接线的主要组成部分,母线可分为硬母线和软母线两类。按照材质母线分为铜母线(例如 TMY-40×4)、铝母线(例如 LMY-80×6)和钢母线 3 种;按形状可以分为带形、槽形、管形和组合形母线 4 种;按安装方式,带形母线有每相 1 片、2 片、3 片、4 片等,组合软母线有 2 根、3 根、10 根、14 根、18 根和 26 根 6 种规格。10 kV 变配电所母线分为高压母线和低压母线两种,但其材料及安装工艺基本相同,只是母线固定所用的绝缘子有所不同。

3.3.2 清单项目设置

母线工程量清单设置,依据设计施工图所示工程内容,按 2013 计价规范《通用安装工程计量规范》附录 D.3 中的项目特征、名称、型号、规格等设置具体项目名称,并按相应的项目编号编好后 3 位码,母线安装分部工程分 8 种。

①软母线:清单编码 030403001×××,计量单位"m"。

②组合软母线:清单编码 030403002×××,计量单位"m"。

③带形母线:清单编码 030403003×××,计量单位"m"。

④槽形母线:清单编码 030403004×××,计量单位"m"。

⑤共箱母线:清单编码 030403005×××,计量单位"m"。

⑥低压封闭插接母线:清单编码 030403006×××,计量单位"m"。

⑦始端箱、分线箱:清单编码 030403007×××,计量单位"台"。

⑧重型母线:清单编码 030403008×××,计量单位"t"。

3.3.3　工程量计算规则

除重型母线外各项计量单位均为"m",重型母线的计量单位为"t"。其工程量均按设计图示尺寸以单线长度计算,而重型母线按设计图示尺寸以质量计算。带型母线工程量计算公式:

$$L = (图示长度 + 预留量) \times 根数$$

例如:

项目名称:带形母线安装。

项目编码:030403003001。

项目特征:硬铝母线 LMY-3×(40×4)。

计量单位及工程量计算:30 m。

工作内容:支持绝缘子、穿墙套管的耐压试验、安装,穿通板制作、安装,母线安装,母线桥安装,引下线安装,伸缩节安装,过渡板安装,刷分相漆。

清单项目中的母线安装,包括了绝缘子的安装;在《全国统一安装工程预算定额》中,绝缘子安装是单独定额项目,以"个"为计量单位。

软母线安装,按软母线截面大小分别以"跨/三相"为计量单位,按设计用量加定额规定的损耗率计算,软母线的引下线、跳线、设备连线均按导线截面分别计算工程量。软母线安装预留长度按表 3.1 计算。

表 3.1　软母线安装预留长度　　　　　　单位:m/根

项　目	耐　张	跳　线	引下线、设备连接线
预留长度	2.5	0.8	0.6

带形母线安装及带形母线引下线安装,按不同材质"铜排、铝排",分别以不同截面和片数以"m/单相"为计量单位。带形母线、槽形母线安装定额中均包括母线、金具、绝缘子等安装,主材可按设计数量加定额损耗计算。带形母线、槽形母线安装不包括钢材构件支架安装,母线和固定母线的金具均按设计量加损耗率计算。定额中硬母线配置安装预留长度(封闭式插接母线槽除外)按表 3.2 的规定计算。

表 3.2　硬母线配置安装预留长度　　　　　　单位:m/根

序　号	项　目	预留长度	说　明
1	带形、槽形母线终端	0.3	从最后一个支持点算起
2	带形、槽形母线与分支线连接	0.5	分支线预留
3	带形母线与设备连接	0.5	从设备端子接口算起
4	多片重型母线与设备连接	1.0	从设备端子接口算起
5	槽形母线与设备连接	0.5	从设备端子接口算起

3.3.4 母线的安装

1)母线支架的制作与安装

母线用支架的形式是由母线的安装方式决定的。一般母线的安装方式分为垂直式、水平侧装式、水平悬吊式等。常用的支架形式有一字形、U 形、L 形、T 形及三角形等。支架可由厂家根据用户需要配套供应,也可现场自行加工制作。

制作支架应按设计和产品技术文件的规定及施工现场结构类型,采用角钢、扁钢或槽钢制作,并应做好防腐处理,如图 3.3 所示。

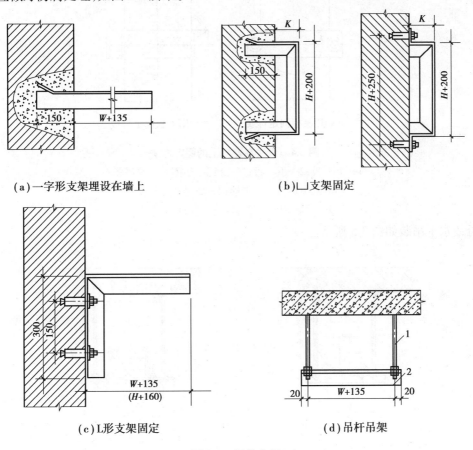

(a)一字形支架埋设在墙上   (b)凵支架固定

(c)L形支架固定   (d)吊杆吊架

图 3.3 母线支架

W—母线宽度;H—母线高度;1—吊杆;2—角钢支架

2)绝缘子安装

高压户内支持绝缘子可分为内胶装、外胶装及联合胶装。安装时,需要根据绝缘子安装孔尺寸埋设螺栓或加工支架。

低压矩形母线固定用绝缘子多为 WX-01 型,母线在绝缘子上的固定如图 3.4 所示。

3)矩形硬裸母线安装

矩形硬裸母线的安装主要包括母线的矫正、测量、下料、弯曲、钻孔、接触面加工、连接、安装和涂漆。

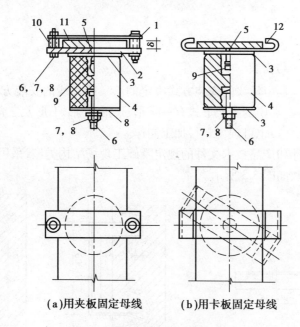

（a）用夹板固定母线　　　　（b）用卡板固定母线

图3.4　母线在瓷瓶上的固定方法

1—上夹板;2—下夹板;3—红钢纸垫圈;4—绝缘子;
5—沉头螺钉;6—螺栓;7—螺母;8—垫圈;
9—螺母;10—套筒;11—母线;12—卡板

母线水平吊装如图3.5所示。

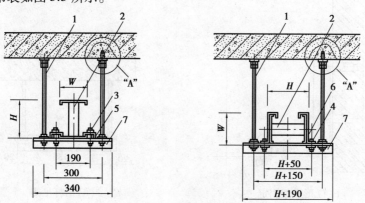

图3.5　母线水平吊装

1—吊杆;2—母线;3—M8×45螺栓;4—M8×28螺栓;
5—平卧压板;6—侧卧压板;7—L 50×50×5支架

4）封闭式母线安装

封闭式（插接式）母线具有传输密度大,结缘长度高,供电可靠、安全,装置通用、互换性强,配电线路延伸和改变方向灵活,安装、维护、检修方便等特点,被越来越多用于变配电所、工厂车间和高层建筑中。

封闭式母线安装示意如图3.6所示。

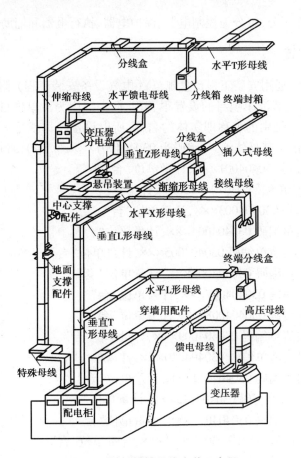

图 3.6　封闭插接母线安装示意图

3.4　控制设备及低压电器安装

3.4.1　概述

　　用以控制与电源分配的柜、箱、屏、盘、板等称为控制设备。供配电控制设备按容量分,有高压、低压;按材质分,有钢制和木制;按用途分,有用于供配电控制和动力与照明控制;按使用范围分,有通用与非通用控制设备等。通用控制设备又称标准设备或定型设备,它是按照国家有关标准组装及大批量生产,并在全国各地区和各行业都适用的一种控制设备。非通用控制设备称非标准设备或专业设备,它是由设计人员根据工程项目实际情况自行设计或在通用设备的基础上,对原有电器元件进行增减或技术特征更改后,由制造厂根据图纸专门生产而且仅限于本工程使用的一种控制设备。

　　低压电器是指在 500 V 以下的各种控制设备、继电器及保护设备等,或者说凡是用来对低压用电设备、器具进行控制和保护的电气设备,统称为低压电器。低压电器按其动作性能分,有非自动和自动两大类。非自动低压电器主要有各种刀开关、组合开关、铁壳开关和按钮等。自动低压电器主要是交流接触器和各种继电器(包括"控制继电器"和"保护继电器"两方面内容)。低压电器按其作用分,可分为控制电器、保护电器、执行电器和辅助电器 4 种类型。

3.4.2　清单项目设置

从 2013 计价规范《通用安装工程计量规范》(电气设备安装工程) 附录 D.4 中可以看出,控制设备及低压电器安装清单项目的设置很直观、简单。因为清单项目的特征均为名称、型号、规格(容量),而且特征中的名称即实体的名称,所以设备名称就是项目的名称,只需表述其型号和规格就可以确定其具体编码,编码为 030404001×××~030404036×××。

①控制屏:清单编码 030404001×××,计量单位"台"。

②继电、信号屏:清单编码 030404002×××,计量单位"台"。

③模拟屏:清单编码 030404003×××,计量单位"台"。

④低压开关柜:清单编码 030404004×××,计量单位"台"。

⑤弱电控制返回屏:清单编码 030404005×××,计量单位"台"。

⑥箱式配电室:清单编码 030404006×××,计量单位"套"。

⑦硅整流柜:清单编码 030404007×××,计量单位"台"。

⑧可控硅柜:清单编码 030404008×××,计量单位"台"。

⑨低压电容器柜:清单编码 030404009×××,计量单位"台"。

⑩自动调节励磁屏:清单编码 030404010×××,计量单位"台"。

⑪励磁灭磁屏:清单编码 030404011×××,计量单位"台"。

⑫蓄电池屏(柜):清单编码 030404012×××,计量单位"台"。

⑬直流馈电屏:清单编码 030404013×××,计量单位"台"。

⑭事故照明切换屏:清单编码 030404014×××,计量单位"台"。

⑮控制台:清单编码 030404015×××,计量单位"台"。

⑯控制箱:清单编码 030404016×××,计量单位"台"。

⑰配电箱:清单编码 030404017×××,计量单位"台"。

⑱插座箱:清单编码 030404018×××,计量单位"台"。

⑲控制开关:清单编码 030404019×××,计量单位"个"。

⑳低压熔断器:清单编码 030404020×××,计量单位"台"。

㉑限位开关:清单编码 030404021×××,计量单位"台"。

㉒控制器:清单编码 030404022×××,计量单位"台"。

㉓接触器:清单编码 030404023×××,计量单位"台"。

㉔磁力启动器:清单编码 030404024×××,计量单位"台"。

㉕Y-△自耦减压启动器:清单编码 030404025×××,计量单位"台"。

㉖电磁铁(电磁制动器):清单编码 030404026×××,计量单位"台"。

㉗快速自动开关:清单编码 030404027×××,计量单位"台"。

㉘电阻器:清单编码 030404028×××,计量单位"台"。

㉙油浸频敏变阻器:清单编码 030404029×××,计量单位"台"。

㉚分流器:清单编码 030404030×××,计量单位"台"。

㉛小电器:清单编码 030404031×××,计量单位"个"。

㉜端子箱:清单编码 030404032×××,计量单位"台"。

㉝风扇：清单编码 030404033×××,计量单位"台"。

㉞照明开关：清单编码 030404034×××,计量单位"个"。

㉟插座：清单编码 030404035×××,计量单位"个"。

㊱其他电器：清单编码 030404036×××,计量单位"个""套""台"。

3.4.3 工程量计算规则

控制设备及低压电器安装部分工程包括控制设备和低压电器两方面内容。控制设备包括：各种控制屏、继电信号屏、模拟屏、配电屏、整流柜、电气屏（柜）、成套配电箱、控制箱等。低压电器包括：各种控制开关、控制器、接触器、启动器等。同时,还包括目前大量使用的集装箱式配电室。本分部安装工程工程量清单项目计量,除集装箱式配电室的计算单位为"t"外,大部分以"台"计量,个别以"套""个"计量。计量规则均按设计图示数量计算。

例如：

项目名称：低压开关柜。

项目编码：030404004001。

项目特征：动力出线柜 GGD1-34G。

计量单位及工程量计算：2 台。

工作内容：基础槽钢制作、安装,柜安装,端子板安装,焊、压接线端子,盘柜配线,屏边安装。

3.4.4 清单项目设置与计量相关问题说明

①清单项目描述时,对各种铁构件如需镀锌、镀锡、喷塑等,需予以描述,以便计价。

②凡导线进出屏、柜、箱、低压电器的,在清单项目描述时应描述是否要焊（压）接线端子;而电缆进出屏、柜、箱、低压电器的,可不描述焊（压）接线端子,因其内容已综合在电缆敷设的清单项目中了。

③凡需做盘（屏、柜）配线的清单项目必须予以描述。

④盘、柜、屏、箱等进出线的预留量（按设计要求或施工及验收规范规定的长度）均不作为实物量,但必须在综合单价中体现。

⑤与《全国统一安装工程预算定额》中工程量计算的差异：定额中盘柜配线、端子板外部接线、焊（压）接线端子、配电板、铁构件制作安装、网门、保护网制作、刷漆等安装单独算做一个定额项目,具体见《全国统一安装工程预算定额》或地方计价定额。

3.4.5 变配电所工程图案例分析

进行了变压器安装及高低压设备安装之后,下面分析一下变配电所工程图。

1）工程概况

变配电所工程图是设计单位提供给施工单位进行设备安装所依据的技术图纸,也是运行管理单位进行竣工验收和今后运行维护、检修的依据。其主要内容包括变配电所系统图（也称主接线图或一次接线图）,变配电所平面图、剖面图,作为整套工程施工图还包括变配电所二次接线图、变配电所照明图、变配电所接地平面图,如图 3.7~图 3.10 所示。

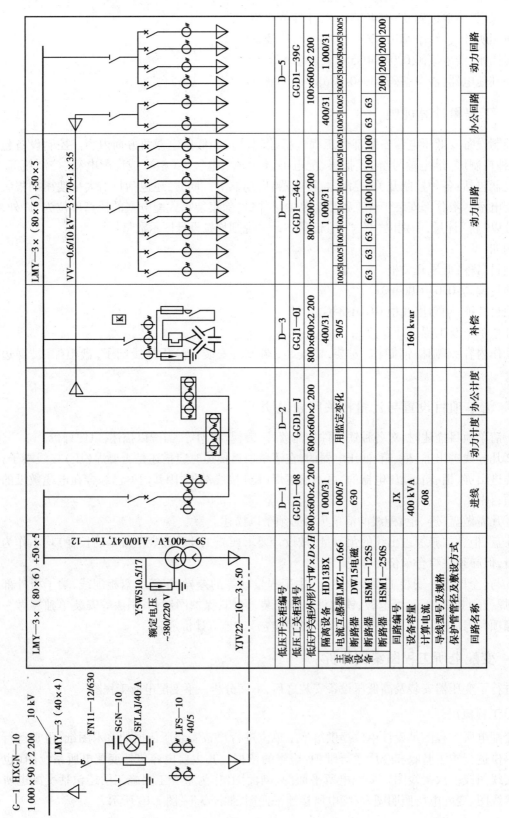

图3.7 某变配电所主接线图

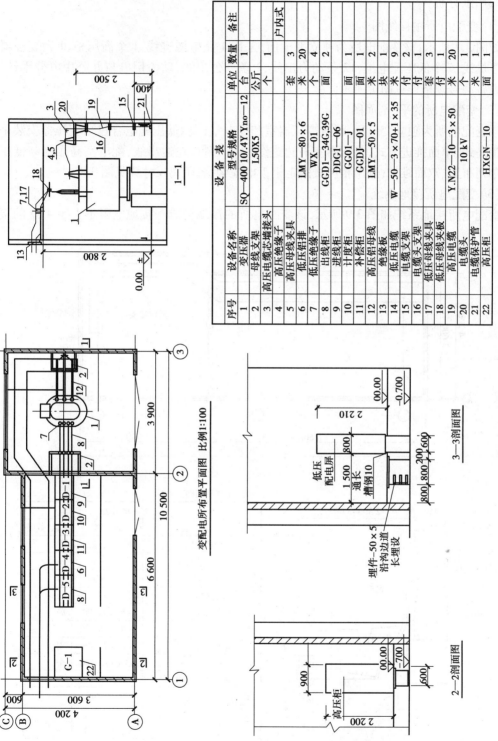

序号	设备名称	型号规格	单位	数量	备注
1	变压器	SQ-400 10/4Y·Yno-12	台	1	户内式
2	母线支架	L50X5	公斤		
3	高压电缆芯端接头		个	1	
4	高压母线绝缘子				
5	高压母线夹具		套	3	
6	低压铝排	LMY-80×6	米	20	
7	低压绝缘子	WX-01	个	4	
8	出线柜	GGD1-34C,39G	面	2	
9	进线柜	DDG1-06			
10	计度柜	GG01-J	面	1	
11	补偿柜	GGDJ-01	面	1	
12	高压铝母线	LMY-50×5	米	1	
13	绝缘板		块	9	
14	低压电缆	W-50-3×70+1×35	米	2	
15	电缆头支架		付	1	
16	电缆头		套	3	
17	低压母线夹具		付	1	
18	低压母线夹板		付	1	
19	高压电缆	Y.N22-10-3×50	米	20	
20	电缆头	10 kV	个	1	
21	电缆保护管		米	1	
22	高压柜	HXGN-10	面	1	

设备表

图3.8 变配电所平、剖面图

2)图纸分析

(1)变配电所主接线图

如图 3.7 所示,该变配电所为独立变电所,采用 1 路电源进线,1 个高压柜,1 台变压器,1 组低压母线,5 个低压配电柜,12 条动力出线,2 条办公出线,动力用电与办公用电分别计量,各种设备型号规格详见图中所示。

(2)变配电所的平、剖面图

该变配电所为独立变电所,设置变压器室和配电室(高、低压配电合建);变压器安装采用地坪抬高式、窄面推进方式,变压器室右边进线(高压侧),左边出线;配电室高压柜与低压配电屏单列布置、双面维护,进出柜屏线路走柜下电缆沟,各距离尺寸详见图 3.8。

(3)变配电所接地系统

变配电所接地系统如图 3.9 所示,该变配电所的接地构成一接地电阻不大于 4 Ω 的接地

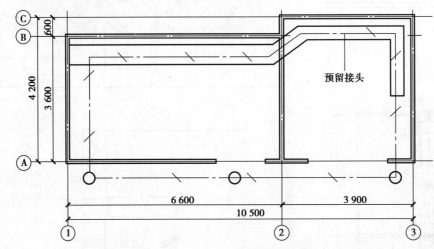

接地装置平面图 1:100

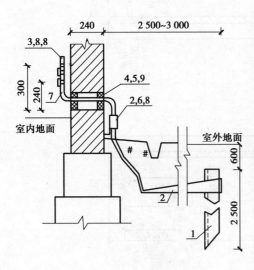

主要材料表				
编号	名　称	规　格	单位	数量
1	接地极角钢	∠63×6, 2.5 m	根	
2	接地干线扁钢	−40×5	m	
3	接地扁钢	−25×4	m	
4	沥青麻丝		kg	
5	固定钩	−25×4, 90	副	
6	断接卡子	2−25×4×50	副	
7	套卡	−15×2, 46	副	
8	方套管	35×15, 280	个	
9	镀锌锥形螺母	M10	个	
10	镀锌六角螺栓	M10×30	个	
11	镀锌平垫圈	10	个	
12	套管	Dg50, 260	根	
13	连线板	−25×4, 55	个	
14	暗接地线与暗检测点		套	

图 3.9　变配电所接线平图

系统,分为室内部分和室外部分。接地支线、接地干线、接地极及接地要求等见图中所示及施工规范要求。

(4)变配电所的照明

变配电所的照明包括照明平面图、照明系统图及照明图例如图 3.10 所示。变压器室设置 2 组壁灯,2 组插座,2 组开关。高低压配电室设置 3 组荧光灯,2 组壁灯,2 组插座,3 组开关,2 个风扇及 2 个调速开关,1 个照明配电箱。

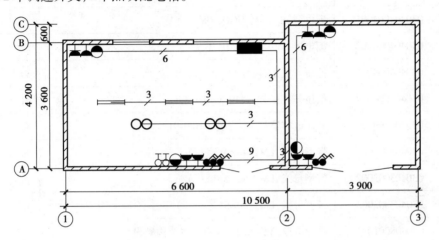

(a)变电所照明装置平面图

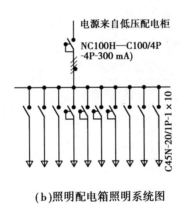

(b)照明配电箱照明系统图

图 3.10　变配电所照明

3)变配电所分部分项工程内容

该变配电所电气安装工程分部分项工程内容及工程量统计见表 3.3。

表 3.3　变配电所安装工程分部分项工程内容及工程量

序号	项目编码	项目名称	单位	数量
		变配电部分		
1	030401001001	油浸变压器,S9-400KVA-10/0.4KV-Y-12	台	1
2	030402017001	高压成套配电柜,HXGN-10	台	1
3	030404004001	配电屏,进线柜,GGD1-08	台	1
4	030404004002	配电屏,计度柜,GGD1-J	台	1
5	030404004003	低压开关柜,出线柜,GGD1-34G	台	1
6	030404004004	低压开关柜,出线柜,GGD1-39G	台	1
7	030404009001	低压电容器柜,补偿柜,GGDJ-01	台	1
8	030403003001	带型母线,LMY-40×4(高压)	m	9.60
9	030403003002	带型母线,LMY-80×6(低压)	m	21.50
10	030403003003	带型母线,LMY-50×5(零母线)	m	7.20
11	030408001001	电力电缆,YJV22-10-3×50,电缆沟敷设	m	25.00
12	030408001002	电力电缆,VV-500-3×70+1×35,电缆沟敷设	m	6.00
13	030408003001	电缆保护管,PVC80	m	8.00
14	030408006001	电缆终端头,铜芯干包式电缆终端头	个	2
15	030408006002	电缆终端头,铜芯热缩式电缆终端头	个	2
		接地系统		
16	030409001001	接地极,角钢 50×50×5,长 2.5 m	根	6
17	030409002001	接地母线,扁钢 25×4	m	45.00
18	030409002002	接地母线,扁钢 40×5	m	10.00
		照明系统		
19	030404018001	配电箱,XMR-3006/1P	台	1
20	030412001001	普通灯具,壁灯	套	2
21	030412005001	荧光灯,双管荧光灯	套	3
22	030404034001	照明开关,暗装双联开关	个	5
23	030404034002	照明开关,风扇调速开关	个	2
24	030404035003	插座,双联暗装插座	个	4
25	030404033001	风扇,吊扇	个	2

序号	项目编码	项目名称	单位	数　量
26	030411001001	配管,SC15(沿墙明敷)	m	60.30
27	030411001002	配管,SC20(沿墙明敷)	m	28.40
28	030411001003	配管,SC25(沿墙明敷)	m	30.20
29	030411004001	配线,BV-500-2.5	m	204.60
30	030411004002	配线,BV-500-4	m	101.30
31	030414001001	电气调整试验,电力变压器系统	系统	1
32	030414006001	电气调整试验,母线	段	2
33	030414002001	电气调整试验,送配电装置系统	系统	1
34	030414008001	电气调整试验,接地装置	系统	1

3.5　蓄电池安装

3.5.1　概述

蓄电池是一种平时将电能转换成化学能储存起来,使用时再将储存起来的化学能转换成电能的设备。它的作用主要是当某一电气设备发生故障时和没有交流电源的情况下,也能保证重要设备可靠而连续地运行。近年来,我国蓄电池生产,由于采用了全密封、薄极板等工艺技术,使蓄电池具有放电平稳、机械强度高、使用寿命长、安全可靠、体积小、安装维护方便等特点。

我国生产的工业和民用蓄电池种类很多,但按不同用途主要有铅酸蓄电池和碱性蓄电池两大类,主要包括:

①固定型防酸式铅酸蓄电池;

②起动用铅酸蓄电池;

③牵引用铅酸蓄电池;

④碱性蓄电池。

蓄电池的安装应按已批准的设计进行施工。蓄电池运到现场后,应在规定期限内做验收检查,并应在产品规定的有效保管期限内进行安装和充电。

蓄电池安装前应按下列要求进行外观检查:

①蓄电池外壳应无裂纹、损伤、漏液等现象。清除壳表面污垢时,对合成树脂制作的外壳应用酒精擦拭,不得用煤油、汽油等有机溶液清洗。

②蓄电池的正、负极性必须正确,壳内部件应齐全无损伤,有孔气塞通气性能应良好。

③连接条、螺栓及螺母应齐全、无锈蚀。

④带电解液的蓄电池,其液面高度应在两液面之间,防漏运输螺塞应无松动、脱落。

3.5.2　清单项目设置

蓄电池安装在 2013 计价规范《通用安装工程计量规范》附录 D.5 中可以看出,清单项目有 2 个。

①蓄电池:清单编码 030405001×××,计量单位"个""组"。

②太阳能电池:清单编码 030405002×××,计量单位"组"。

蓄电池具体有碱性蓄电池、固定密闭式铅酸蓄电池和免维护铅酸蓄电池,安装时应依据施工图纸所标注的项目特征(名称、型号、容量)进行描述。

蓄电池安装工程内容包括防震支架安装、本体安装、充放电。

太阳能电磁安装包括电池方阵铁架安装、本体安装、联调。

3.5.3　工程量计算规则

蓄电池依据图示数量,分别按容量大小以单体蓄电池"个"为计量单位计算。其工程内容应包括:防震支架安装、个体安装和充放电。免维护蓄电池安装,依据设计图示数量以"组件"为计量单位计算。太阳能电池按设计图示数量计算,以"组"为计量单位计算。

3.5.4　清单项目设置与计量相关说明

①如果设计要求蓄电池抽头连接用电缆及电缆保护管时,应在清单项目中予以描述,以便计价。

②蓄电池电解液如需承包方提供,亦应描述。

③蓄电池充放电费用综合在安装单价中,按"组"充放电。

3.6　电机检查接线及调试

3.6.1　概述

电机是发电机和电动机的合称。电动机俗称"马达",是用来驱动其他机械的传动设备。电动机的分类方法有很多,按所用电源的性质不同分为交流和直接电动机两大类。

电机检查接线及调试工程项目适用于发电机、调相机、普通小型直流电动机、可控硅调速直流电动机、普通交流同步电动机、低压交流异步电动机、高压交流异步电动机、交流变频调速电动机、微型电机、电加热器、电动机组的检查接线及调试的清单项目计量。

对于电动机安装时进行检查的目的,《电气装置安装工程旋转电机施工及验收规范》(GB 50170—92)规定,为保证旋转电动机安装的施工质量,促进工程施工水平的提高,确保旋转电动机安全运行,电动机在安装时都必须进行相关内容检查。

电动机安装的工作内容主要包括设备的起吊、运输,定子、转子、轴承座及机座的安装调整等钳工装配工艺,以及电动机绕组接线、电动机干燥等工序。根据电动机容量大小,其安装内容也有所区别。建筑电气工程中电动机容量一般都不大,属中小型电动机的安装,在清单计价规范中,电机安装清单项目内容包括电机的检查、接线、调试。

3.6.2 清单项目设置

电机的安装分部工程量清单项目包括交直流电动机和发电机的检查接线及调试等 12 个项目,编码为 030406001×××～030406012×××。电机的安装清单项目特征除共同的基本特征(名称、型号、规格)外,还应有表示其调试的特殊个性。这个特性直接影响到其安装接线调试费用,所以必须在项目名称中表述清楚。例如:普通交流同步电动机的检查接线及调试项目,要注明启动方式——直接启动还是降压启动;低压交流异步电动机的检查接线及调试项目,要注明控制保护类型——刀开关控制、电磁控制、非电量联锁、过流保护、速断过流保护及时限过流保护等;电动机组检查接线调试项目,要表达机组的台数,如有联锁装置者应注明联锁的台数。

①发电机:清单编码 030406001×××,计量单位"台"。
②调相机:清单编码 030406002×××,计量单位"台"。
③普通小型直流电动机:清单编码 030406003×××,计量单位"台"。
④可控硅调速直流电动机:清单编码 030406004×××,计量单位"台"。
⑤普通交流同步电动机:清单编码 030406005×××,计量单位"台"。
⑥低压交流异步电动机:清单编码 030406006×××,计量单位"台"。
⑦高压交流异步电动机:清单编码 030406007×××,计量单位"台"。
⑧交流变频调速电动机:清单编码 030406008×××,计量单位"台"。
⑨微型电机、电加热器:清单编码 030406009×××,计量单位"台"。
⑩电动机组:清单编码 030406010×××,计量单位"组"。
⑪备用励磁机组:清单编码 030406011×××,计量单位"组"。
⑫励磁电阻器:清单编码 030406012×××,计量单位"台"。

3.6.3 工程量计算规则

计算规则规定,除"电动机组"清单项目按设计图示数量以"组"为计量单位计算外,其他所有清单项目的计量单位均以"台"按设计图示数量计算。工程内容包括:检查接线、干燥、调试,带励磁电阻器的电机安装清单项目还应包括安装励磁电阻器。

3.6.4 清单项目设置与计量相关说明

①电机是否需要干燥应在项目中予以描述。
②电机接线如需焊压接线端子亦应描述。
③按规范要求,从管口到电机接线盒间要有软管保护,项目应描述软管的材质和长度,以便报价时考虑在综合单价中。
④工程内容应描述"接地"要求,如接地线的材质、防腐处理等。
⑤在工程量清单检查接线项目中,按电机的名称、型号、规格(即"容量")列出。而《全国统一安装工程预算定额》按大、中型列项,以单台质量在 3 t 以下的为小型,单台质量在 3～30 t 者为中型;单台质量 30 t 以上者为大型。在报价时,如果参考《全国统一安装工程预算定额》第二册《电气设备安装工程》(GYD-202—2000),就按电机铭牌上或产品说明书上的质量对应定额项目即可。

3.7 滑触线装置安装

3.7.1 概述

吊车是工业厂房(车间)内用以提吊物体的起重机械。吊车的电源一般是通过滑触线供给。滑触线就是把母线装在封闭或半封闭的塑料导管内,嵌入多级输电铜导轨,作为输电的母线。导管内装有配合紧凑、移动灵活的集电器(或称"集电器小车"),它能在移动受电设备的拖动下同步移动,同时通过在集电器上配置的多极电刷在导轨上滑动接触,将导轨上的电源可靠地送到用电设备的装置,就称为滑触线和滑触线装置。滑触线装置主要适用于大型工业厂房(车间)的吊车电源盒室外大型移动式电气设备供电。

滑触线可分为轻型滑触线,安全节能滑触线,角钢、扁钢滑触线和圆钢、工字钢滑触线4种类型。

AQHX系列安全滑触线适用于室内移动电气设备供电,如各种小型容量起重机、电动葫芦、电动工具设施等。AQHX系列滑触线是更新换代的产品。滑触线以塑料为骨架,用扁铜排作载流体,多根载流体分别平行插入同一根塑料壳的各个槽内,槽上对应每根载流体有一个开口,用作电刷滑行的通道。其结构紧凑,安全可靠。

滑触线装置安装清单项目应综合考虑工程内容,项目特征要描述清楚,即:滑触线支架制作、安装;滑触线安装;拉紧装置及挂式支持器制作、安装;除锈、刷油(油漆名称、刷油要求),具体见06D401-1吊车供电线路安装。

滑触线安装的技术规定如下:

①安装位置规定。桥式吊车滑触线安装在吊车驾驶室对面的吊车梁上,电动葫芦和悬挂梁式吊车的滑触线一般安装工字钢的支架。

②安装高度。滑触线安装高度距地面不得小于3.5 m;在汽车通过部分不得小于6.0 m,不足上述规定时应采取措施。滑触线距离一般管道不小于1.0 m;距离设备和氧气管道不应小于1.50 m;距离易燃气体、液体管道不应小于3.0 m。

③安装长度。若滑触线的线路较长、承载容量较大、电压降超过了允许值时,应在滑触线上加装辅助导线,辅助导线一般采用截面积不小于25 mm×3 mm的铝排,每隔12 m用M10螺栓、螺母进行紧固连接,紧固件与角钢的接触面应予搪锡。

④伸缩(补偿)装置。当滑触线需要跨越伸缩缝或滑触线长度超过50 m时,均必须采用伸缩(补偿)装置,以适应建筑物的沉降和温度变化而引起滑触线伸缩的需要。

滑触线施工安装的方法和步骤为:熟悉设计文件,明确施工要求;根据设计文件要求,准备材料与机具;根据设计文件的规定,确定支架安装的位置;制作支架;组装瓷瓶;安装支架;固定瓷瓶;安装滑触线;安装滑触线伸缩(补偿)装置;电源线连接。

3.7.2 清单项目设置

滑触线安装在2013计价规范《通用安装工程计量规范》附录D.7中只1个项目,清单编码030407001×××,计量单位"m",计算规则按设计图示单相长度计算。

该分部工程的清单项目特征为名称、型号、规格、材质。分部工程项目适用于前述轻型滑触线,安全节能型滑触线,扁钢、角钢滑触线,圆钢、工字钢滑触线及移动软电缆安装。项目特征描述中的名称既为实体名称,亦为项目名称,直观、简单。但规格却不然,如节能型滑触线的规格是用电流(A)来表述,而角钢滑触线的规格是用角钢的边长×厚度表述,扁钢滑触线的规格是用扁钢的宽度×厚度表述,圆钢滑触线的规格是用圆钢的直径(ϕ)表述,工字钢、轻轨滑触线的规格是以每米质量(kg/m)表述。

滑触线安装清单项目工程内容包括滑触线支架制作、安装、刷油,滑触线安装,拉紧装置及挂式支持器制作安装,移动软电缆安装,伸缩接头制作、安装。

3.7.3 工程量计算规则

各种滑触线装置安装清单项目的工程数量均按设计图示以单相长度"m/相"计算,计算方法以公式表示如下:

$$L = (图标单相长度 + 预留量) × 根数$$

3.7.4 清单项目设置与计量相关说明

①清单项目应描述支架的基础铁件及螺栓是否承包商浇筑。

②沿轨道敷设软电缆清单项目,要说明是否包括轨道安装和滑轮制作的内容,以便投标者报价。

③滑触线支架的基础铁件及螺栓,按土建预埋考虑,铁构件制作执行《全国统一安装工程预算定额》第四章相应定额项目。

④滑触线的辅助母线安装见表3.4。

表3.4 滑触线安装附加和预留长度　　　　　　单位:m/根

序　号	项　目	预留长度	说　明
1	圆钢,铜母线于设备连接	0.2	从设备接线端子接口算起
2	圆钢,铜滑触线终端	0.5	从最后一个固定点算起
3	角钢滑触线终端	1.0	从最后一个支持点算起
4	扁钢滑触线终端	1.3	从最后一个固定点算起
5	扁钢母线分支	0.5	分支线预留
6	扁钢母线与设备连接	0.5	从设备接线端子接口算起
7	轻轨滑触线终端	0.8	从最后一个支持点算起
8	安全节能及其他滑触线终端	0.5	从最后一个固定点算起

3.8 电缆敷设

3.8.1 概述

电缆按用途分为电力电缆、控制电缆、补偿电缆、通信电缆、通(专)用电缆;按绝缘材料分为油浸绝缘电缆、橡皮绝缘电缆、塑料绝缘电缆;电力电缆按芯数分为单芯、二芯、三芯、四芯及多芯;按导体材质分为铜芯、铝芯、钢芯电缆;按电压等级分为高压电缆、低压电缆。电缆的外形结构如图 3.11 所示。

3.8.2 电缆的敷设方式

电缆的敷设方式:电缆直埋,电缆沟敷设,电缆隧道敷设,电缆沿结构支架敷设,电缆穿管敷设,电缆沿钢索卡敷设,电缆在排管内敷设,电缆沿桥架敷设。电缆敷设应符合《电气装置安装工程电缆线路施工及验收规范》(GB 50168—2006)的要求,下面分别简单介绍。

1)电缆直埋敷设

将电缆直接埋设在地下的敷设方法叫做电缆直埋。埋地敷设的电缆必须使用铠装及防腐层保护的电缆,裸钢带铠装电缆不允许埋地敷设。埋地敷设沟槽深度一般为 800 mm(如设计图中另有规定者应按施工图设计要求深度敷设),经过农田和 66 kV 以上的电缆埋设深度不应小于 1 000 mm。为了不使电缆的绝缘层和保护层过分弯曲、扭伤,敷设电缆时其弯曲半径与电缆外径之比不应小于下列规定:

①纸绝缘多芯电力电缆(铅包、铅包、铠装)为 15 倍;
②橡皮绝缘、裸铅、护套多芯电力电缆为 15 倍;
③橡皮绝缘护套钢带铠装电力电缆为 20 倍;
④塑料绝缘铠装或无铠装多芯电力电缆、铠装或无铠装多芯控制电缆为 10 倍。

电缆埋地敷设如图 3.12 所示。埋地敷设电缆的程序是:挖电缆沟→沟底铺砂或软土(10 cm

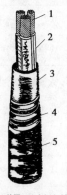

图 3.11 交联聚乙烯绝缘电力电缆
1—缆芯(铜芯或铝芯);2—交联聚乙烯绝缘层;
3—聚氯乙烯护套(内护层);4—钢铠或铝铠(外护层);
5—聚氯乙烯外套(外护层)

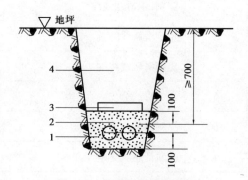

图 3.12 电缆直接埋地敷设
1—电力电缆;2—砂;3—保护盖板;4—填土

厚)→敷设电缆→盖砂或软土(10 cm 厚)→盖砖或保护板→回填土→设立标志牌(桩)。

在现行规范中直埋电缆应设置明显的方位标志或标桩为强制性规定,必须严格执行。标志牌(桩)的设置应符合下列要求:

①生产厂房及变电站内应在电缆终端头、电缆接头处装设标志牌(桩)。

②城市电网电缆线路应在下列部位装设电缆标志牌(桩):

a.电缆终端及电缆接头处;

b.电缆管两端、人孔及工作井处;

c.电缆隧道转弯处、电缆分支处、直线段每隔 50~100 m。

③标志牌(桩)上应注明线路编号。当无编号时,应写明电缆型号、规格及起讫地点,并联使用的电缆应有顺序号,标志牌(桩)的字迹应清晰不易脱落。

④标志牌(桩)规格宜统一,应能防腐,挂装应牢固。多根电缆同敷于一沟时,10 kV 以下电缆平行距离平均为 170 mm,10 kV 以上为 350 mm。电缆埋地敷设时要留有电缆全长的 1.5%~2.5%曲折弯长度(俗称 S 弯)。当沿同一路径敷设的室外电缆根数为 8 根及以下且场地有条件时,宜采用直接埋地敷设。向一级负荷供电同一路径的双路电源电缆,不应敷设在一沟内。当无法分开时,则该两路电缆应采用绝缘和护套均为非延燃性材料的电缆,或采取其他隔离措施。电缆敷设于同一电缆沟内,电缆与电缆之间用砖或隔板隔开,电缆间的平行距离为 100 mm。如两电缆之间不隔开时,则两电缆平行距离不应小于 500 mm。

直埋电缆之间,电缆与其他各种设施(管道、道路、建筑物等)之间平行或交叉时的最小净距,应符合表 3.5 的规定。

表 3.5　直埋地电缆之间、电缆与管道、道路、建筑物之间平等和交叉时的最小净距　单位:m

项　　目		最小净距	
		平行	交叉
电力电缆间及其 与控制电缆间	10 kV 及以下	0.10	0.50
	10 kV 以上	0.25	0.50
控制电缆间		—	0.50
不同使用部门的电缆间		0.50	0.50
热管道(管沟)及热力设备		2.00	0.50
油管道(管沟)		1.00	0.50
可燃气体及易燃液体管道(沟)		1.00	0.50
其他管道(管沟)		0.50	0.50
铁路路轨		3.00	1.00
电气化铁路路轨	交流	3.00	1.00
	直流	10.0	1.00
公路		1.50	1.00
城市街道路面		1.00	0.70
杆基础(边线)		1.00	—
建筑物基础(边线)		0.60	—
排水沟		1.00	0.50

2）电缆沟敷设

电缆沟通常由土建专业施工,砌筑沟底、沟壁,在沟壁上用膨胀螺栓固定电缆支架,也可将支架直接埋入沟壁,电缆安放在支架上。电缆沟应有防水措施,其底部应有不小于 0.5% ~ 1% 的坡度,以利排水。电缆沟的盖板一般采用混凝土盖板。

当电缆与地下管网交叉不多,地下水位较低,且无高温介质和熔化金属液体流入可能的地区,同一路径的电缆根数为 8 根及以下时,宜采用电缆沟敷设,电力电缆支架间安装的水平距离 1 000 mm 设一个支架,控制电缆 800 mm 设一个支架,垂直安装为 1 500 mm 设一个支架。根据以往实际施工情况,电力电缆和控制电缆一般都是同沟敷设,所以设计支架的安装水平距离一般为 800 mm 左右。电缆支架不论是自制的或成品供货的装式支架,安装好后,都必须焊接地线。

电缆沿沟内支架敷设如图 3.13 所示。

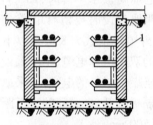 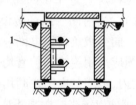 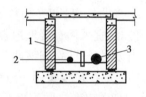

(a)双侧电缆沟内支架敷设　　(b)单侧电缆沟内支架敷设　　(c)无支架电缆沟内敷设

图 3.13　电缆沿沟内支架敷设及沟内无支架敷设

1—接地线;2—控制电缆;3—电力电缆

①质量要求。沟内电缆敷设应符合以下质量要求:

a.金属电缆支架、电缆保护管必须接地(PE)或接零(PEN)可靠;

b.电缆敷设严禁扭绞、压扁、护层断裂和表面严重划伤等缺陷。

②技术条件。电缆支架敷设应符合下列规定:

a.当设计无要求时,电缆支架最下层至沟底的距离不小于 50 ~ 100 mm;

b.当设计无要求时,电缆支架层间最小允许距离应符合表 3.6 的规定;

表 3.6　电缆支架层间最小允许距离　　　　　单位:mm

电缆种类	支架层间最小距离
控制电缆	120
10 kV 以下电力电缆	150 ~ 200

c.支架与预埋件焊接固定时,焊缝饱满;用膨胀螺栓固定时,选用螺栓适配,连接紧固,放置零件齐全;

d.电缆在支架上敷设,转弯处的最小允许弯曲半径应符合表 3.7 的规定。

③电缆固定。电缆敷设固定应符合下列规定:

a.垂直敷设或大于 45°倾斜敷设的电缆在每个支架上固定;

b.交流单芯电缆或分向后的每相电缆固定用的夹具和支架,不形成闭合铁磁回路;

c.电缆排列整齐,少交叉;当设计无要求时,电缆支持点间距按不大于表 3.8 进行固定;

表 3.7　电缆最小弯曲半径

序号	电缆种类	最小允许弯曲半径	序号	电缆种类	最小允许弯曲半径
1	聚氯乙烯绝缘电力电缆	10D	4	交联聚氯乙烯绝缘电力电缆	15D
2	无铅包钢铠护套的橡皮绝缘电力电缆	10D	5	多芯控制电缆	10D
3	有钢铠护套的橡皮绝缘电力电缆	20D			

注:D 为电缆外径。

表 3.8　电缆支持点间距　　　　　　单位:mm

电缆种类		敷设方式	
		水平	垂直
电力电缆	全塑料	400	1 000
	除全塑型外的电缆	800	1 500
控制电缆		800	1 000

d.当设计无要求时,电缆与管道的最小净距应符合规定,且敷设在易燃易爆气体管道和热力管道的下方;

e.敷设电缆的电缆沟,按设计要求位置应有防火隔堵措施。电缆的首段、末端和分支处应设置标志牌。

3)电缆隧道敷设

电缆隧道敷设与电缆沟内敷设基本相同,只是电缆隧道所容电缆根数更多(一般在 18 根以上),电缆隧道净高不应低于 1.9 m,以使人在隧道内能方便地巡视和检修,其底部处理与电缆沟底部相同,做成坡度不小于 0.5%的排水沟,四壁应做严格的防水处理。

电缆在电缆隧道内敷设如图 3.14 所示。

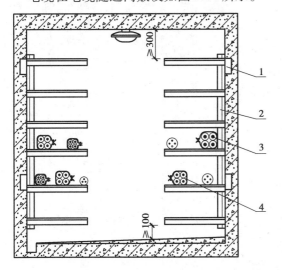

注:
①电缆隧道或电缆沟内有多种电缆一起敷设时,应分别设置,矿物绝缘电缆应单独放置于一层或几层支架上。
②单芯电缆放置于角钢支架上,可平行敷设,也可成束敷设。
③矿物绝缘电缆应敷设在控制电缆的上层。
④支架接地线由工程设计确定。

编号	名　称	型号及规格	单位	数量	备注
1	预埋件	—	块	—	—
2	角钢支架	—	m	—	—
3	矿物绝缘电缆	由工程设计确定	m	—	—
4	绑扎线	—	根	—	铜线

图 3.14　电缆在电缆隧道内敷设

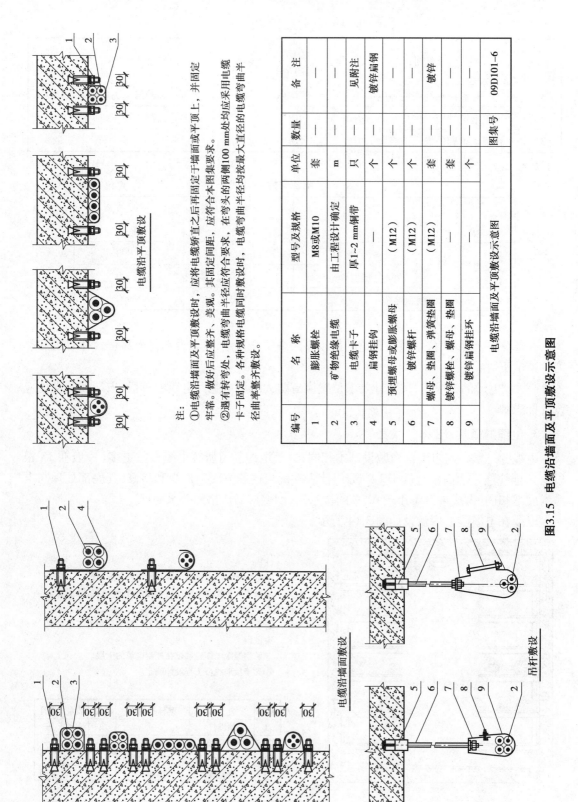

注:
①电缆沿墙面及平顶敷设时,应将电缆矫直之后再固定于墙面或平顶上,并固定牢靠。做好后应整齐、美观。其固定应符合要求,间距应同本图集要求。
②遇有转弯处,电缆弯曲半径应符合要求,在弯头处敷设时,电缆弯曲半径应按最大直径的电缆弯曲半径固定。各种规格电缆同时敷设时,电缆弯曲半径应整齐敷设。

电缆沿平顶敷设

电缆沿墙面敷设

吊杆敷设

编号	名称	型号及规格	单位	数量	备注
1	膨胀螺栓	M8或M10	套	—	—
2	矿物绝缘电缆	由工程设计确定	m	—	见附注
3	电缆卡子	厚1~2 mm扁带	只	—	镀锌扁钢
4	扁钢挂钩	—	个	—	—
5	预埋螺母或膨胀螺母	(M12)	个	—	—
6	镀锌螺杆	(M12)	个	—	镀锌
7	螺母、垫圈、弹簧垫圈	(M12)	套	—	—
8	镀锌螺栓、螺母、垫圈	—	套	—	—
9	镀锌扁钢挂环	—	个	—	—
	电缆沿墙面及平顶敷设示意图			图集号	09D101—6

图3.15 电缆沿墙面及平顶敷设示意图

4)电缆沿结构支架敷设

电缆沿结构支架敷设有沿墙面、平顶敷设、沿柱敷设 3 种形式,敷设方法和施工要求与前面所介绍的电缆支架安装相同,如图 3.15 所示。

5)电缆穿管敷设

先将保护管敷设(明设或暗设)好,再将电缆穿入管内。管内径要求不应小于电缆外经的1.5 倍。铸铁管、混凝土管、陶土管、石棉水泥管其内径不应小于 100 mm,敷设时应有 0.1%的坡度。单芯电缆不允许穿钢管敷设,有关电缆保护管敷设要求见《电气装置安装工程电缆线路施工及验收规范》(GB 50168—2006)的有关条文。

6)电缆沿钢索卡敷设

电缆沿钢索卡敷设如图 3.16 所示。国定电缆卡子的距离,水平敷设时电力电缆为750 mm,控制电缆为 600 mm;垂直敷设时电力电缆为 1 500 mm,控制电缆为 750 mm。

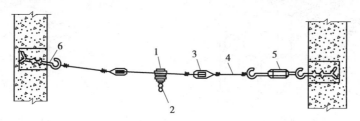

图 3.16　电缆沿钢索敷设

1—瓷吊线器;2—吊线线夹;3—拉紧绝缘子;

4—镀锌铁丝;5—调节器;6—横吊线钩

电缆沿钢索配线的质量要求和技术条件:

①应采用镀锌钢索,不应采用含油芯的钢索。钢索的钢丝直径应不小于 0.5 mm,钢索不应有扭曲和断股现象。

②钢索的终端拉环埋件应牢固可靠,钢索与终端拉环套接处应采用心形环,固定钢索的线卡不应小于 2 个,钢索端头应用镀锌铁丝绑扎紧密,且应可靠接地(PE)或接零(PEN)。

③当钢索长度在 50 m 及以下时,应在钢索一端装设花篮螺栓紧固;当钢索长度大于 50 m时,应在钢索两端装设花篮螺栓紧固。

④钢索中间吊架间距不应大于 12 m,吊架与钢索连接处的吊钩深度不应小于 20 mm,并应有防止钢索跳出的锁定零件。

⑤钢索配线的零件间和线间距离应符合表 3.9 的规定。

表 3.9　钢索配线的零件间和线间距离

配线类别	支持件之间最大距离/mm	支持件与灯头盒之间最大距离/mm
钢管	1 500	200
刚性绝缘导管	1 000	150
塑料护套线	200	100

7)电缆在排管内敷设

在规划地段埋设于地下 0.7 m 及以下的排管中穿设电缆的方法,称为电缆在排管内敷设。排管内敷设电缆就是将预制好的管块(段),按需要的孔数以一定的形式排列,再用水泥砂浆砌成一个整体,然后按照规定的排列次序将电缆穿于管块(段)孔内。这种敷设方式可使电缆免受机械损伤、化学腐浊,维护方便,但造价较高,且电缆载流量也有所下降。采用电缆在排管内敷设方式,主要适用于电缆数量不多(一般不超过 12 根),而道路交叉较多,路径拥挤,又不宜采用直埋或电缆沟敷设的地段。电缆排管及敷设如图 3.17 所示。

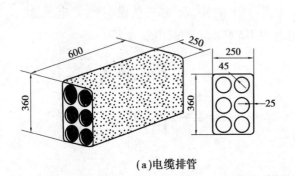
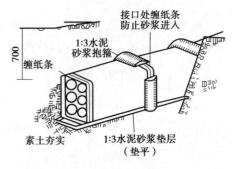

(a)电缆排管   (b)电缆排管敷设

图 3.17 电缆排管及敷设

电缆在排管敷设的质量要求和技术条件:

①排管应采用石棉水泥管或混凝土管。

②当地面上均匀荷载达到或超过 100 kN/m^2 或排管穿越铁路及遇有类似情况时,必须采取加固措施,以防排管受到机械损伤。

③排管孔的内径不小于电缆外经的 1.5 倍,但电力电缆的管孔内径不应小于 90 mm,控制电缆的管孔内径不应小于 75 mm。排管应一次留足必要的备用管孔数,当无法预计发展情况时,除考虑散热孔外可留 10%的备用孔,但不应小于 1~2 孔。

④电缆排管安装应符合下列要求:

a.排管安装时应有倾向人孔井侧不小于 0.5%的排水坡度,并在人孔井内设计水坑,以便集中排水;

b.排管顶部距地面不应小于 0.7 m,在人行道下面的排管可不小于 0.5 m;

c.排管沟底部应垫平夯实,并铺设不小于 80 mm 厚的混凝土垫层。

⑤每一根电力电缆应单独穿入一个管孔内。同一管孔内可穿入 3 根控制电缆,但裸铠装控制电缆不得与其他保护层的电缆穿入同一管孔内。敷设在排管内的电缆宜采用塑料护套电缆,也可采用裸铠装电缆。

⑥电缆在管块孔内敷设时,为了抽拉电缆或做电缆连接,在排管分支、转角处均须安设电缆人孔井。人孔井之间的距离应按实际要求设置,若设计无规定时,在直线部分每隔 50~

100 m设一个(一般不宜超过 150 m)。人孔井的净空高度不得小于 1.80 m,其上部人孔直径不应小于 0.70 m。

8)电缆沿桥架敷设

电缆桥架技术是我国化工、电力、冶金、建筑、轻工等部门在 20 世纪 70 年代和 80 年代先后从国外引进的。由于电缆桥架的推广,给全塑型塑料电缆的大量应用创造了良好条件,使通道空间中容纳的电缆敷设数量显著增加,对电缆线路的保护、抑制干扰强度和防火等安全措施的实现均有助益,并带来了施工简便、安装迅速等好处。总之,它使电缆电线的敷设达到了标准化、规格化、通用化水平。同时,更由于它具备了结构简单、形式新颖、安装方便、使用安全、整齐完美、成本低等优点,将被更多的工程项目广泛采用。

电缆桥架的结构形式主要又梯级式、托盘式、槽式、组装式等多种。电缆桥架如图 3.18 所示。

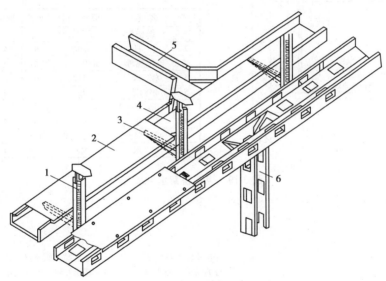

图 3.18　电缆桥架

1—支架;2—盖板;3—支臂;4—线槽;5—水平分支线槽;6—垂直分支线槽

电缆桥架又称汇线桥架。它由直通架、水平三通、四通、垂直凸弯通、垂直凹弯通、垂直转动弯通、连接板、绞接板、护罩、托架和吊架等部件组成。其敷设方式有水平、垂直和转角、T 字形、十字形分支,电缆桥架可调宽、调高、变径,可根据用电设备分布情况定位。

电缆桥架水平吊装如图 3.19 所示,电缆沿电缆桥架水平敷设如图 3.20 所示。

在电缆的安装中,电缆头的制作、安装不容小觑。电缆头包括电缆终端头、中间头,电缆头有铝芯头、铜芯头。电缆头制作分为热缩式、冷缩式、干包式。电缆头还分为环氧树脂浇注式、矿物绝缘电缆头等,特别是预分支电缆头,在现代高层建筑中使用普遍。塑料电缆终端头安装如图 3.21 所示。电缆穿墙孔洞的阻火封堵如图 3.22 所示。

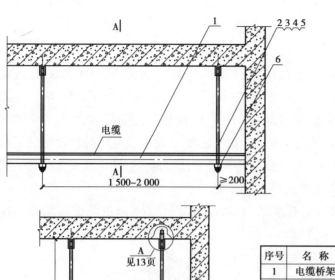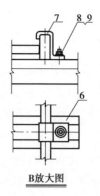

注:
吊杆长度L由设计决定。

序号	名　称	型号规格	单位	数量	页次	备　注
1	电缆桥架	见工程设计				
2	吊　杆	φ12	根	4		
3	连接螺母	M12×50	个	4		
4	螺　母	M12	个	8		
5	垫　圈	12	个	4		
6	U形型钢		根	2	46	
7	压　板		个	4		
8	T形螺栓	M18×30	个	4		
9	螺　母	M8	个	4		

图 3.19　电缆桥架水平吊装

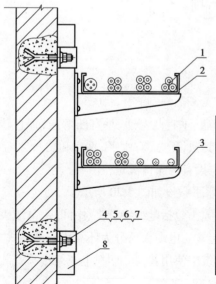

注:
1.电缆桥架内如全部是矿物绝缘电缆,则不必考虑电缆本身的防火、阻火措施。桥架及其配件根据现场使用条件,由设计考虑确定。
2.电缆沿桥架敷设,要求电缆横平竖直,无交错、重叠。

编号	名　称	型号及规格	单位	数量	备　注
1	矿物绝缘电缆	由工程设计确定	m	—	—
2	电缆桥架	由工程设计确定	m	—	—
3	桥架托架	由工程设计确定	副	—	—
4	开脚螺栓或膨胀螺栓	—	只	—	或预埋件焊接
5	镀锌垫圈	—	只	—	—
6	弹簧垫圈	—	只	—	—
7	螺　母	—	只	—	—
8	托架支架	—	副	—	—

图 3.20　电缆沿电缆桥架水平敷设示意图

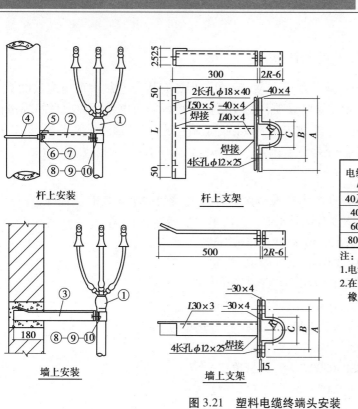

支架尺寸表				
电缆外径 /mm	尺　寸/mm			
	A	B	C	R
40及以下	148	98	48	20
40~60	168	118	68	30
60~80	188	138	88	40
80~100	208	158	108	50

注:
1.电缆终端头在安装时,所有铁件需镀锌。
2.在固定电缆终端头处,电缆的护套外应垫橡皮或塑料带。

图 3.21　塑料电缆终端头安装

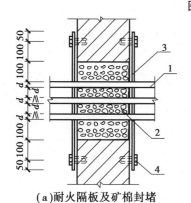

（a）耐火隔板及矿棉封堵　　　（b）速固型堵料封堵　　　（c）防火包封堵

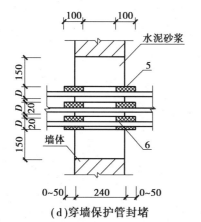

（d）穿墙保护管封堵

编号	名　　称	型号规格
1	电　缆	由工程设计选定
2	矿　棉	
3	耐火隔板	由工程设计选定
4	膨胀螺栓	M10×50
5	穿墙保护管	
6	堵　料	DFD-Ⅲ
7	堵　料	SFD-Ⅱ
8	防火包	PFB

注:d为电缆直径,D为保护管直径。

图 3.22　电缆穿墙孔洞的阻火封堵

3.8.3 电缆清单项目设置及工程量计算

电缆敷设的各项目的特征内容基本为型号、规格、材质,但各有其表述法。如:电缆敷设项目的规格指电缆截面(mm^2);电缆保护管敷设项目的规格指管径(mm);电缆桥架项目的规格指"宽+高"的尺寸,同时要表述材质(钢制、玻璃钢制或铝合金制),还要表述类型(槽式、梯级式、托盘式、组合式)等。电缆阻燃盒的特征是型号、规格(尺寸)。以上所有特征均要表述清楚。

1)清单项目设置

清单项目设置的方法:依据设计图示电缆敷设的方式、位置、桥架安装的位置等,在2013计价规范《通用安装工程计量规范》附录D.8中列出清单项目名称、编码等。

①电力电缆:清单编码030408001×××,计量单位"m"。

②控制电缆:清单编码030408002×××,计量单位"m"。

③电缆保护管:清单编码030408003×××,计量单位"m"。

④电缆槽盒:清单编码030408004×××,计量单位"m"。

⑤铺砂、盖保护板(砖):清单编码030408005×××,计量单位"m"。

⑥电缆终端头:清单编码030408006×××,计量单位"个"。

⑦电缆中间头:清单编码030408007×××,计量单位"个"。

⑧防火堵洞:清单编码030408008×××,计量单位"处"。

⑨防火隔板:清单编码030408009×××,计量单位"m^2"。

⑩防火涂料:清单编码030408010×××,计量单位"kg"。

⑪电缆分支箱:清单编码030408011×××,计量单位"台"。

其中,电缆、保护管、电缆槽盒工程量计算规则均按设计图示尺寸长度以"m"计算。

例如:

项目名称:电力电缆

项目编码:030408001001

项目特征:型号、规格、敷设方式 YJV22-10-3×50-SC80 -FC

计量单位及工程量计算:60 m

工作内容:揭(盖)盖板,电缆敷设,电缆头制作、安装,过路保护管敷设,防火堵洞,电缆防护,电缆防火隔板,电缆防火涂料。

2)电缆工程量计算

电缆工程量按施工图设计图示尺寸长度计算。

单根电缆长度=(水平长度+垂直长度+预留长度)×(1+2.5%)

电缆敷设长度组成示意图如3.23所示。

图3.23中,水平长度为:L_1。

垂直长度为:H_1+H_2。

各部分预留:h_1、h_2为电缆终端头预留长度;

l_1为电缆沟进入沟内预留长度;

l_2为电缆中间接头盒两端预留长度;

l_3为电缆进入建筑物预留长度。

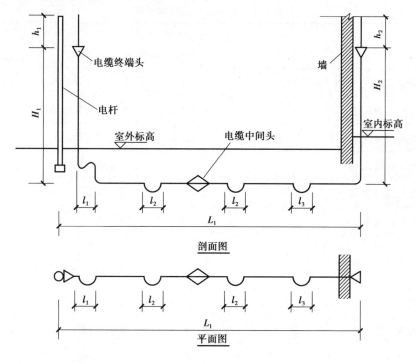

图 3.23　电缆敷设长度组成示意图

3.8.4　清单项目设置与计量相关说明

电缆安装适用于上述电缆敷设及相关工程的工程量清单项目的设置和计量。其中电缆保护管敷设清单项目指埋地暗敷设或非埋地的明敷设两种,不适于锅炉或过基础的保护管敷设。

①电缆敷设需要综合的项目很多,一定要描述清楚。如工程内容一栏所示:揭盖板电缆终端头、中间头制作、安装;锅炉、过基础的保护管;防火墙堵洞,防火隔板安装,电缆放缓或涂料;地纳兰防护,防腐,缠石棉绳,刷漆等。

②电缆沟土方工程量清单在 2013 计价规范《通用安装工程计量规范》(电气设备安装工程)附录 D.8 中设置清单编码,项目特征描述时,要表明沟的平均深度、土质和铺砂盖砖的要求。

③电缆工程量清单计算规则均按设计图示尺寸长度以 m 计算,电缆敷设中所有预留量应按设计要求或规范规定的长度。

④与《全国统一安装工程预算定额》中工程量计算的差异:

a.电缆敷设要考虑因波形、弛度、交叉、终端头等预留的富余长度,该增加长度应计入工程量之中。电缆长度计算,按每条由电缆始端到终端视为一根电缆,将每根电缆的水平长度加垂直长度,再加上曲折弯余量长度即为该条电缆的全长。同时,还要计算出入建筑物或电杆引上及引下备用长度。电缆敷设长度应根据敷设路径的水平和垂直敷设长度,按表 3.10 增加附加长度。实际未预留者不得计算工程量。

表 3.10 电缆敷设的附加长度

序号	项 目	预留长度（附加）	说 明
1	电缆敷设驰度、波形弯度、交叉	2.5%	按电缆全长计算
2	电缆进入建筑物	2.0 m	规范规定最小值
3	电缆进入沟内或吊架时引上(下)预留	1.5 m	规范规定最小值
4	变电所进线、出线	1.5 m	规范规定最小值
5	电力电缆终端头	1.5 m	检修余量最小值
6	电缆中间接头盒	两端各留 2.0 m	检修余量最小值
7	电缆进控制、保护屏及模拟盘等	宽+高	按盘面尺寸
8	高压开关柜及低压配电盘、箱	2.0 m	盘下进出线
9	电缆至电动机	0.5 m	从电机接线盒起算
10	厂用变压器	3.0 m	从地坪起算
11	电缆绕过梁柱等增加长度	按实计算	按被绕物的断面情况计算增加长度
12	电梯电缆与电缆架固定点	每处 0.5 m	规范最小值

b.电缆保护管敷设单独设置 1 个清单项目,编码为 030408003,计量单位为"m",按设计图示尺寸长度计算。遇有下列情况,应按以下规定增加保护管长度:

- 横穿道路,按路基宽度两端各增加 1 m;
- 垂直敷设时,管口距地面增加 2 m;
- 穿过建筑物外墙时,按基础外缘以外增加 1 m;
- 穿过排水沟时,按沟壁外缘以外增加 0.5 m。

c.电缆埋地敷设,其土方量凡有施工图注明的,按施工图计算;无施工图的,一般按沟深0.9 m、沟宽按最外边的保护管两侧边缘外各增加 0.3 m 工作面计算。未能达到上述标准时,则按实际开挖尺寸计算。直埋电缆的挖、填土石方,除特殊要求外,可按表 3.11 计算土方量。

表 3.11 直埋电缆的挖、填土石方量

项 目	电缆根数	
	1~2	每增 1 根
每米沟场挖方量/m³	0.45	0.153

2 根以内的电缆沟,按上口宽度 600 mm、下口宽度 400 mm、深度 900 mm 计算的常规土方量(深度按规范的最低标准);每增加 1 根电缆,其宽度增加 170 mm;以上土方量按埋深从自然地坪起算,如设计埋深超过 900 mm 时,多挖的土方量应另行计算。

d.电缆沟盖板揭、盖项目,按每揭或每盖 1 次以延长米计算,如又揭又盖,则按两次计算。

e.电缆终端头及中间头均以"个"为计量单位,电力电缆和控制电缆均按 1 根电缆有 2 个终端头考虑。电力电缆按实际制作个数计算,未按电缆头标准制作时,只能按焊(压)接线端子计算工程量。中间电缆头按实际情况计算。当电缆头制作使用成套供应的"电缆头套件"时,定额内除其他材料费保留外,其余计价材料应全部扣除,"电缆头套件"按主材费计价。1 kV 以下截面积在 10 mm^2 以下的不计算终端头制作安装。

f.隔热层、防火保护层的制作、安装另算。

g.电缆冬季施工的加温工作和在其他特殊施工条件下的施工措施费和施工降效增加费另行计算。

3.9 防雷及接地

3.9.1 概述

防雷接地系统工程包括防雷系统及接地系统两部分内容。

雷是大气放电的一种自然现象,它会损坏建筑物,击穿电器设备绝缘,伤害人畜等。为了预防雷电的危害而采用的一系列防雷设施就称为防雷。防雷设施主要包括接闪器、引下线和接地装置 3 部分。

接地包括工作接地、保护接地及重复接地。随着高层建筑的日益增多,现代高层建筑多采用综合接地系统。

3.9.2 安装施工及工程量计算

《全国统一安装工程预算定额》第二册(电气设备安装工程)GYD-202—2000 中的"防雷及接地装置"定额,适用于建筑物、构筑物的防雷接地,变配电系统接地,设备接地以及避雷针的接地装置。其内容包括:接地极(板)制作安装、接地母线敷设、避雷针制作安装、避雷网安装等。

1)避雷针制作安装

避雷针采用圆钢或焊接钢管制成,针长 1 m 以下:圆钢为 12 mm,钢管为 20 mm;针长 1~2 m:圆钢为 16 mm,钢管为 25 mm;烟囱顶上的针,圆钢为 20 mm。

避雷针制作是指针体和针尖制作,其内容包括:下料、针尖针体加工、挂锡、校正、阻焊、刷漆等,但不包括底座的加工。

避雷针安装包括:装在烟囱上、装在平屋面上、装在墙上、装在金属容器顶上或壁上、装在构筑物(木杆、水泥杆、金属架)上和独立避雷针安装 6 种形式。

避雷针在屋面上安装如图 3.24 所示。

2)避雷网安装

避雷网和避雷带用圆钢或扁钢,其尺寸不小于下列数值:圆钢直径为 8 mm;扁钢截面为 48 mm^2;扁钢厚度为 4 mm。避雷网安装按沿混凝土块敷设、沿折板支架敷设、均压环敷设等区

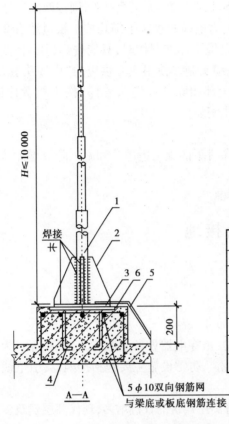

注：
1. 铁脚预埋在支座内，最少应有2个与支座钢筋焊接，支座与屋面板同时捣制。
2. 支座应在墙或梁上，否则应对支撑强度进行校验。
3. 本图适用于基本风压为0.7 kN/m²以下的地区，建筑物高度不超过50 m。
4. 4、6号零件与支座向土建提资料，由土建施工。

设备材料表						
编号	名 称	型号规格	单位	数量	页	备 注
1	避雷针	由工程设计决定	根	1	2~25	
2	加劲肋	−100 × 200 × 8	块	4		
3	底板	−320 × 320 × 8	块	1		
4	底板铁脚	φ16　L=700	个	2		
5	引下线	由工程设计决定	m			
6	预埋板	−320 × 320 × 8	块	1		

图 3.24　避雷针在屋面上安装

分定额项目，内容包括平直、下料、测位、埋卡子、焊接、固定、刷漆。安装工程量以"m"为单位计算，混凝土块制作按"块"为单位计算。混凝土块支座间距 1 m 一个，转弯处为 0.5 m 一个。屋顶避雷及避雷网沿屋顶不同部位的设置如图 3.25 所示。

3）避雷针引下线敷设

避雷针引下线就是指由避雷针、避雷带向下沿建筑物、构筑物和金属构件引下来的防雷线。引下线一般采用扁钢或圆钢制作，也可利用建（构）筑物本体结构件中的配筋、钢扶梯等作为引下线。工作内容包括平直、下料、测位、打眼、埋卡子、焊接、固定、刷漆。

引下线的安装布置应符合现行国家标准《建筑物防雷设计》（GB 50057—2010）的有关规定。

4）断接卡

设置断接卡的目的是便于运行、维护和检查接地电阻，在引下线距地面 0.3~1.8 m 设置断接卡，断接卡应有保护措施。当利用混凝土内钢筋、柱内主筋等作引下线时，一般在距地 0.5 m 处暗设接地测试卡。

安装接地测试卡如图 3.26 所示。

5）接地极（板）制作安装

包括钢管、角钢、圆钢、铜板、钢板接地极制作安装。

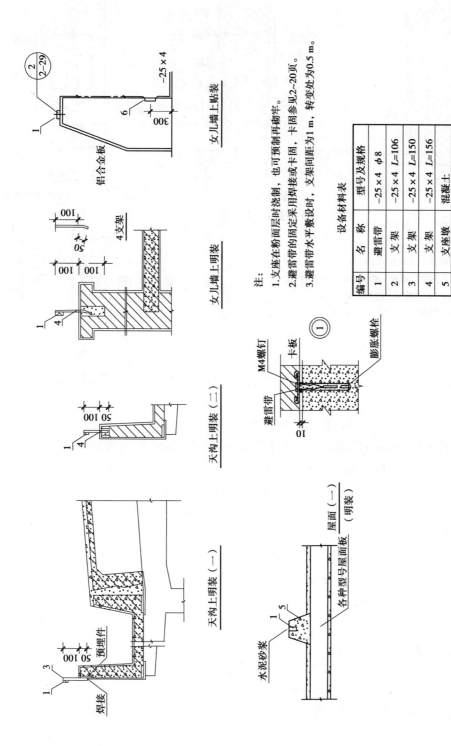

图3.25 避雷带在天沟、屋面、女儿墙上安装图

设备材料表

编号	名称	型号及规格
1	避雷带	−25×4 φ8
2	支架	−25×4 L=106
3	支架	−25×4 L=150
4	支架	−25×4 L=156
5	支座墩	混凝土
6	接地端子板	由工程设计选定

注:
1.支座在粉面层时绕制,也可预制再砌牢。
2.避雷带的固定采用焊接或卡接牢固,卡固参见2~20页。
3.避雷带水平敷设时,支架间距为1 m,转变处为0.5 m。

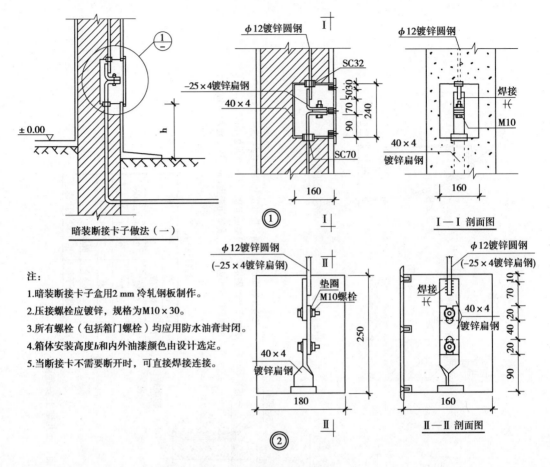

图 3.26　接地测试卡的安装

钢管接地极采用公称直径 DN40 mm、壁厚 3.5 mm 钢管制作,角钢接地极采用∠50×50×5 mm等边角钢;圆钢接地极直径不小于ϕ18 mm,长度一般均为 2.5 m,埋深顶端距地面 0.6~0.9 m。工作内容包括:尖端及加固帽加工、接地(极)打入地下及埋设、下料、加工、焊接。

埋地的角钢接地极的安装如图 3.27 所示。

6)接地母线敷设

接地母线一般多采用扁钢或圆钢。接地母线敷设分户内、户外接地母线,工作内容包括:挖地沟、接地线平直、下料、测位、打眼、埋卡子、煨弯、敷设、焊接、刷漆、回填土夯实。

室外接地线引入室内做法如图 3.28 所示。

7)接地跨接线安装

接地跨接线是指接地母线遇有障碍(如建筑物伸缩缝、沉降缝以及行车、抓斗吊等轨道接缝)需跨越时连接的连接线,或利用金属构件、金属管道作为接地线时需要焊接的连接线,但金属管道敷设中通过箱、盘、盒等断开点焊接的连接线已包括在管道敷设定额中,不得算为跨接线。常见的跨接线有伸缩(沉降)缝、阀门法兰、管道法兰、管接头、风管防静电、管件防静电、吊车钢轨接地跨接线等。其工作内容包括:下料、钻孔、煨弯、挖填土、固定、刷漆。

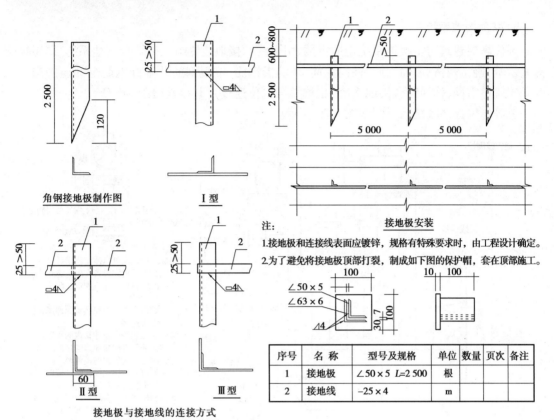

注:

1.接地极和连接线表面应镀锌,规格有特殊要求时,由工程设计确定。

2.为了避免将接地极顶部打裂,制成如下图的保护帽,套在顶部施工。

序号	名　称	型号及规格	单位	数量	页次	备注
1	接地极	∠50×5 L=2 500	根			
2	接地线	−25×4	m			

图 3.27　埋地的角钢接地极安装

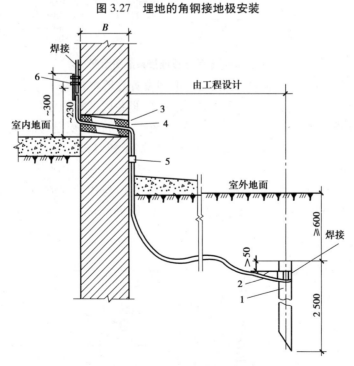

图 3.28　室外接地线引入室内做法

1—接地装置;2—接地线;3—套管;4—沥青麻丝;5—支板

8)综合接地系统

现代高层建筑防雷接地系统把避雷网、引下线和接地装置组成一综合接地系统,即屋顶防雷避雷带、避雷网格、屋面钢筋、柱内主筋、外墙板钢筋、楼板钢筋及基础钢筋全部连接构成一个鼠笼式避雷网,称为综合接地系统(也称总等电位连接),其接地电阻≤1 Ω。

总等电位连接系统示意图如图3.29所示。

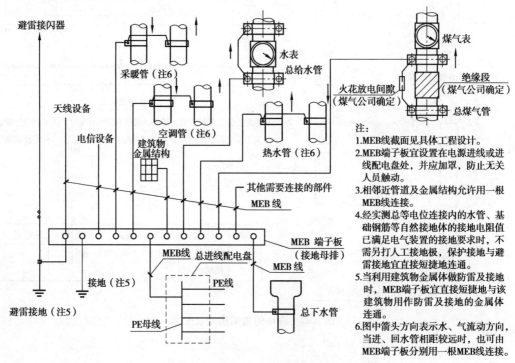

图3.29 总等电位连接系统图示例

目前高层建筑比较通用的做法是:在变配电间设置总等电位端子板(MEB)与接地装置连接,对于有大量电子信息设备的建筑物,其电气、电信竖井内的接地干线应与每层楼板钢筋作等电位连接,一般建筑物的电气、电信竖井内的接地干线应每3层与楼板钢筋作等电位连接,并利用钢筋混凝土结构内钢筋设置局部等电位连接端子板(LEB),将建筑屋内的各种竖向管道每3层与局部等电位连接端子板连接一次,使整个建筑形成一个公共接地系统。

等电位连接端子板安装如图3.30所示。等电位连接与各种管道的连接,金属门、窗的等电位连接,卫生间局部等电位连接的做法参见标准图集99D501。

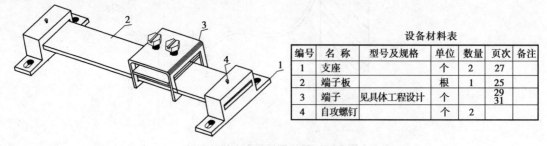

编号	名 称	型号及规格	单位	数量	页次	备注
1	支座		个	2	27	
2	端子板		根	1	25	
3	端子	见具体工程设计	个		29 31	
4	自攻螺钉		个	2		

设备材料表

图3.30 等电位连接端子板安装图

9）建筑物基础接地装置安装

高层建筑的接地装置大多以建筑物的深基础作为接地装置。当利用钢筋混凝土基础钢筋作为接地装置时，敷设在钢筋混凝土中的单根钢筋或圆钢其直径不应小于 10 mm。被利用作防雷装置的混凝土构件内用于箍筋连接的钢筋，其截面积总和不应小于 1 根直径 10 mm 钢筋的截面积。

利用建筑物基础内的钢筋作为接地装置时，应在与防雷引下线相对应的室外地坪以下 0.8~1 m 处，在被利用作为引下线的钢筋上焊一根 ϕ12 mm 圆钢或-40×4 镀锌扁钢，此导体伸向室外，距外墙皮的距离不宜小于 1 m，作遥测接地电阻用。

利用建筑物内钢筋（柱内、基础内）连接如图 3.31 所示。

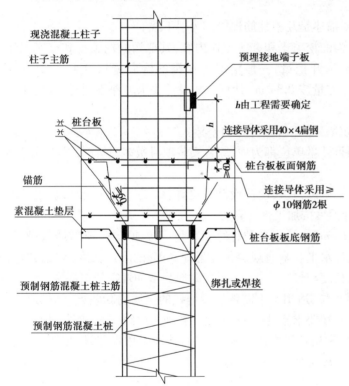

注：
1.避雷带引下线利用柱子内2根主筋，此2根主筋从下至上需绑扎或焊接。

2.柱子内作为避雷带引下线的2根主筋需与桩台板外圈环形接地连接线连成一体，连接线采用40×4扁钢，此扁钢一端与柱子内作为避雷带引下线的2根主筋焊接，另一端与桩台板外圈环形接地连接线焊接。

3.环形接地连接线必需与所经过的灌注桩或钢筋混凝土柱子内主筋焊接。

4.接地极利用各种钢筋混凝土桩内主筋。

5.环形接地连接线采用40×4镀锌扁钢沿建筑物桩台板外圈作环形敷设，或利用建筑物桩台板外圈>ϕ10两根桩台板板面钢筋作环形连接，环形接地连接线需与所经过的各种桩内2根主筋焊接。

6.建筑物上部所需要的多组接地线均从环形接地连接线上引出。

7.PHC预应力离心混凝土管桩，铅孔灌注桩均可参照本图施工。

图 3.31　利用建筑物内钢筋（柱内、基础内）连接大样图

3.9.3　清单项目设置及工程量计算

防雷及接地装置工程量清单项目的设置综合性强，应根据设计施工图纸关于接地或防雷装置的内容，对应在 2013 计价规范《通用安装工程计量规范》附录 D.9 中的项目特征，表述其项目名称，并有相对应的编码、计量单位和计算规则。

①接地极：清单编码 030409001×××，计量单位"根""块"。

②接地母线：清单编码 030409002×××，计量单位"m"。

③避雷引下线：清单编码 030409003×××，计量单位"m"。

④均压环：清单编码 030409004×××，计量单位"m"。

⑤避雷网：清单编码 030409005×××，计量单位"m"。

⑥避雷针:清单编码 030409006×××,计量单位"根"。

⑦半导体少长针消雷装置:清单编码 030409007×××,计量单位"套"。

⑧等电位端子箱、测试板:清单编码 030409008×××,计量单位"台""块"。

⑨绝缘垫:清单编码 030409009×××,计量单位"m²"。

⑩浪涌保护器:清单编码 030409010×××,计量单位"个"。

⑪降阻剂:清单编码 030409011×××,计量单位"kg"。

3.9.4 工程量清单项目设置与计量相关说明

①利用桩基础做接地极时,应描述桩台下桩的根数,每桩几根主筋需焊接。其工程量可在计算柱引下线的工程量中一并计算。

②利用柱筋作引下线的,一定要描述是几根柱筋焊接作为引下线。

③户外接地母线敷设不包括地沟的挖填土和夯实工作内容,其他沟的挖填土和夯实工作执行相应规范中的项目。户外接地沟开挖量,一般情况下挖沟的沟底宽按 0.4 m、上宽按 0.5 m、沟深按 0.75 m、每米沟长的土方量按 0.34 m² 计算。如设计要求埋深不同时,则按实际土方量计算。

④与《全国统一安装工程预算定额》中工程量计算的差异:

接地装置和避雷装置的工程项目计量单位都为项,综合安装项目很多,具体安装工程量见定额组成内容。

a.接地极制作安装以"根"为计量单位,其长度按设计长度计算,设计无规定时,每根长度按 2.5 m 计算。若设计有管帽时,管帽另按加工件计算。

b.接地母线敷设,按设计长度"10 m"为计量单位计算工程量。接地母线、避雷线敷设,均按延长米计算。其长度按施工图设计水平和垂直规定长度另加 3.9% 的附加长度(包括转弯、上下波动、避绕障碍物、搭接头所占长度)计算。计算主材费时应另增加规定的损耗率。

c.接地跨接线以"10 处"为计量单位,适用于不需敷设接地线的金属物断联点,例如道轨、金属管道等。只有非电气设备或管道在要求接地时,方可套用接地跨接线安装定额。如:管件跨接(防静电)利用法兰盘螺栓,钢轨利用鱼尾板固定螺栓,平行管道采用焊接,屋顶金属旗杆采用焊接,每跨接 1 次按 1 处计算,电机接地、配电箱、管子接地、桥架接地等均不在此列。户外独立的配电装置构架均需接地,每副构架按"处"计算。计算构架接地后,不得再重复计算接地母线和接地极工程量。

d.避雷针的加工制作、安装,以"根"为计量单位,独立避雷针安装以"基"为计量单位。长度、高度、数量均按设计规定。独立避雷针的加工制作应执行"一般铁件"制作定额或按成品计算。

e.利用建筑物内主筋作接地引下线安装以"10 m"为计量单位,工程量按垂直引下线长度之和为准,每 1 柱子内按焊接 2 根主筋考虑,如果焊接主筋数超过 2 根时,可按比例调整。

f.断接卡子制作安装以"10 套"为计量单位,按设计规定装设的断接卡子数量计算,接地检查井内的断接卡子安装按每井一套计算。

g.高层建筑物屋顶的防雷接地装置应执行"避雷网安装"定额,其长度按施工图设计水平和垂直规定长度另加 3.9% 的附加长度计算,电缆支架的接地安装应执行"户内接地母线敷设"定额。

　　h.均压环敷设以"10 m"为计量单位,主要考虑利用圈梁内主筋作均压环接地连线,焊接按2根主筋考虑,超过2根时,可按比例调整。长度按设计需要作均压环接地的圈梁中心线长度,以延长米计算。

　　i.钢、铝窗接地以"10 处"为计量单位(高层建筑6层以上的金属窗设计一般按要求接地),按设计规定接地的金属窗数进行计算。

　　j.柱子主筋与圈梁连接以"10 处"为计量单位,每处按2根主筋与圈梁钢筋分别焊接连接考虑。如果焊接主筋和圈梁钢筋超过2根时,可按比例调整,需要连接的柱子主筋和圈梁钢筋"处"数按设计规定计算。

3.9.5　防雷接地工程量计算举例

　　如图 3.32 所示为某住宅防雷接地平面图,避雷网在平屋顶四周沿檐沟外折板支架敷设,其余沿混凝土块敷设,折板上口距室外地坪 19 m,避雷引下线均沿外墙引下,并在距地室外地坪 0.45 m 处设置接地电阻测试断接卡子,土壤为普通土。试按定额列出该工程的分项工程名称,套用的定额编号,工程量计算式及工程量(表 3.12)。

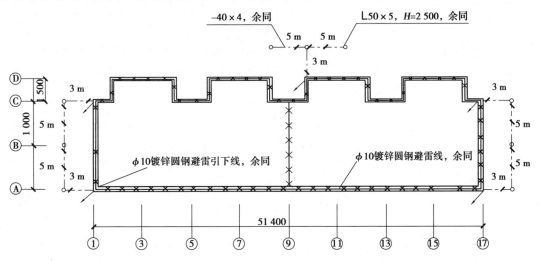

图 3.32　某住宅防雷接地平面布置图

表 3.12　工程量计算表

序号	定额编号	项目名称	单位	工程量计算式	工程量
1	2-749	避雷网沿折板支架安装镀锌圆钢 ϕ10	10 m	51.4+51.4+1.5×8+10+10＝134.8 134.8×(1+3.9%)÷10＝13.615	13.615
2	2-748	避雷网沿混凝土块支架安装镀锌圆钢 ϕ10	10 m	8.5-1.5＝7.0 7.0×(1+3.9%)÷10＝0.7273	0.727 3
3	2-750	混凝土块制作	10 块	9 块(每块间距 1 考虑) 9÷10＝0.9	0.9

续表

序号	定额编号	项目名称	单位	工程量计算式	工程量
4	2-745	避雷引下线敷设镀锌圆钢 ϕ10	10 m	$19\times5-0.45\times5=92.75$ $92.75\times(1+3.9\%)\div10=9.637$	9.637
5	2-747	断接卡子制作、安装	10 套	$5\div10=0.5$	0.5
6	2-690	垂直接地极制作 安装L50×50×5, $H=2\,500$	根	9 根（按图示数量计算）	9
7	2-697	户外接地母线敷设扁钢—40×4	10 m	<3（距墙）+0.7（埋深）+0.45（断接点）>×5（处）+5（接地极间距）×6（段）=46.575	46.575
8	2-885	独立接地装置调试	组	3 组（按每组接地测试计算）	3

若采用清单计价,该工程的分项工程名称只有接地装置和避雷装置以及电气调整试验三项,计量单位都为"项"。防雷接地工程的内容繁多,综合安装项目很多,具体见《全国统一安装工程预算定额》及施工规范的要求。

3.10 10 kV 以下架空配电线路

3.10.1 概述

架空线路由电杆、横担、金具、绝缘子及导线等组成。它分高压线路和低压线路两种,3~10 kV 以上的配电线路为高压线路,1 kV 以下的配电线路为低压线路。电杆有木杆、水泥杆和铁塔架 3 种。水泥电杆安装分为有底盘、有卡盘、有底盘无卡盘、有卡盘无底盘等方式。横担有木质、钢质和瓷质 3 种。高低压线路宜采用镀锌角钢横担或瓷横担。瓷质横担由于有较高的绝缘性能,现已普遍用于 6~10 kV 及 35 kV 架空线路的直线杆、小转角杆上。高压线路的导线,一般应采用三角排列或水平排列,双回路线路同杆架设时,宜采用三角排列或垂直三角排列。低压线路的导线,宜采用水平排列。架空输电线路的导线固定在绝缘子上,并借助绝缘子与大地隔离,起支撑导线及绝缘作用。绝缘子有针式绝缘子、蝶式绝缘子,悬式绝缘子等。

导线有绝缘导线和裸导线。架空线路的导线一般采用铝绞线。当高压线路档距或交叉档距较长、杆位高差较大时,宜采用钢芯铝绞线。在沿海地区,由于盐雾或有化学腐蚀气体的存在,宜采用防腐铝绞线、铜绞线或采取其他措施。在街道狭窄和建筑物稠密地区应采用绝缘导线。

架空线路的结构示意图如图 3.33 所示。

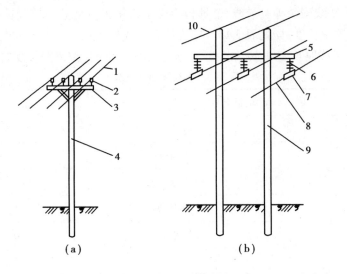

图 3.33 架空线路的结构

1—低压导线;2—针式绝缘子;3—横担;4—低压电杆;5—横担;

6—高压悬式绝缘子串;7—线夹;8—高压导线;9—高压电杆;10—避雷线

架空线路的档距、导线对地面和对水面的最小距离、架空线路与与各种设施接近和交叉的最小距离等,在有关技术规程中均有规定,设计和安装时必须遵循。

3.10.2 清单项目设置及工程量计算规则

10 kV 以下架空配电线路安装在 2013 计价规范《通用安装工程计量规范》(电气设备安装工程)附录 D.10 中设置 3 个清单项目。

①电杆组立:清单编码 030410001×××,计量单位"根"。计算规则按设计图示数量计算。工程内容包括工地运输,土(石)方挖填,底盘、拉盘、卡般安装,木电杆防腐,电杆组立,横担安装,拉线制作、安装等。

②导线架设:清单编码 030410002×××,计量单位"km"。计算规则按设计图示尺寸以长度计算。工程内容包括导线架设、导线跨越及进户线架设、进户横担安装。

③杆上设备:清单编码 030410003×××,计量单位"台""组"。计算规则按设计图示数量计算。工程内容包括支撑架安装、本体安装、焊压接线端子、接线、补刷(喷)油漆、接地。

清单项目的设置,应根据设计图示的工程内容,对应规范中电杆组立的项目特征(材质、规格、类型、地形等)进行设置。在设置项目时,一定要按项目特征表述该清单项目名称。对其应综合的辅助项目,也要描述到位,如电杆组立要发生的项目:工地运输;土(石)方挖填;底盘、拉盘、卡盘安装;木电杆防腐;电杆组立;横担安装;拉线制作、安装等。

导线架设项目的特征为:型号(即材质)、规格。其导线型号表示材质是铝导线还是铜导线。规格是指导线的截面。导线架设的工程内容描述为:导线架设、导线跨越(跨越间距)、进户线架设(应包括进户横担安装)。在设置项目时,对同一型号、同一材质,但规格不同的架空线路要分别设置项目,分别编码(编最后 3 位码)。

导线架设区别导线类型(裸铝绞线、钢芯铝绞线和绝缘铝绞线)和截面面积的不同,以单线"km"为计量单位计算。工作内容包括:架线盘、放线、直线接头连接、紧线、弛度观测、耐张终端头制作、绑扎、跳线安装等。导线、金具和绝缘子价格另行计算。导线长度除按图纸计算外,还应考虑规定预留长度,详见表3.13。导线计算公式如下:

单线总长度 = 线路长度 + 转角长度 + 分支长度 + 弛度(按线路长度的1%计算)

表3.13 导线预留长度表

单位:m/根

项目名称		长 度
高 压	转角	2.5
	分支、终端	2.0
低 压	分支、终端	0.5
	交叉、跳线、转角	1.5
	与设备连接	0.5
	进户线	2.5

3.10.3 定额项目及工程量计算

《全国统一安装工程预算定额》第二册《电气设备安装工程》(GYD-202—2000)中的第十章为"10 kV以下架空配电线路"的安装。

1)土石方工程量

杆坑挖填土清单项目按2013计价规范《房屋建筑与装饰工程计量规范》附录A(土石方工程)规定设置项目名称、编码。在需要时,对杆坑的土质情况、沿途地形予以描述。

杆基挖地坑的土石方量按施工图示杆基尺寸,区分不同土质,以"m³"单位计算,套用相应定额项目。各类土、石质按设计地质资料确定,但不作分层计算。凡同一坑、槽、沟等内出现两种或两种以上不同土(石)质时,应选用含量较大的一种确定其类别。出现流砂层时,不论其上层土质占多少,全坑均按流砂坑计算。挖掘过程中因少量坍塌而多挖的,或石方爆破过程中因人力不易控制而多爆破的土(石)方工作量已包括在定额内,不得重复计算。回填均按原挖原填和余土的就地平整考虑,不包括施工长度100 m以上的取换土回填和余土的外运。需要时可另行计算,执行土建预算定额或另编补充定额。冻土厚大于300 mm时,冻土层的挖方量按挖坚土定额乘以系数2.5。其他土层仍按土质性质执行定额。

2)工地运输工程量

工地运输,是指定额中未计价材料从材料集中堆放点或工地仓库运至杆位置上的工程运输,分人力运输和汽车运输,包括装卸、运输及空载回程等全部工作。运输工程量以"吨千米"为单位计算。其计算公式如下:

工程运输量=施工图用量×(1+损耗率)

预算运输质量=工程运输量+包装物质量(不需要包装的物品不计包装质量)

材料运输的质量可按表3.14的规定进行计算。

表 3.14　工地材料运输质量表

材料名称		单 位	运输质量	备 注
混凝土制品	人工浇制	m³	2 600	包括钢筋
	离心浇制	m³	2 860	包括钢筋
线材	导线	kg	$W \times 1.15$	有线盘
	钢绞线	kg	$W \times 1.07$	无线盘
木杆材料		m³	500	包括木横担
金具、绝缘子		kg	$W \times 1.07$	
螺栓		kg	$W \times 1.07$	

3）安装工程量

安装工程量应按下述规定计算：

（1）底盘、拉盘、卡盘安装及电杆防腐

底盘、拉盘、卡盘、拉线盘安装，按设计用量以"块"计算。木杆根部防腐以"根"计算。它们的工作内容包括：基坑修整，底盘、卡盘安装、操平、找正，木杆根部烧焦涂防腐油。底盘、拉盘、卡盘以及 U 形抱箍的价格不包括在定额内，应另计算。

（2）电杆组立

分立单电杆、接腿电杆和撑杆 3 种类型，均分别以"根"为单位计算工程量。立单电杆分木杆、水泥杆，按杆高度区分规格计算。内容包括：立杆、找正、绑地横木、根部刷油，工器具转移。电杆、地横木价格另计，n 形电杆按 2 根单杆计算。接腿杆按单腿接杆、双腿接杆、混合接腿杆划分项目，区分不同高度分别以"根"计算。内容包括：木杆加工、接腿、立杆、找正、绑地横木、根部刷油，工器具转移。木电杆、地横木、原木、水泥接腿杆价格另计。撑杆分木撑杆、混凝土撑杆，区分不同高度以"根"计算。撑杆价格另计。

钢筋混凝土电杆装置示意如图 3.34 所示。

（3）横担安装

架空线路横担安装，包括 10 kV 以下横担、1 kV 以下横担和进户横担安装 3 种类型。10 kV 以下横担安装区分不同材质（钢、木横担和瓷横担）及单根、双根和直线杆、承力杆；1 kV 以下横担安装区分不同线式（二线、四线、六线）及根数（单根、双根），均分别以"组"为单位计算。横担、绝缘子、连接件及螺栓价值另行计算。

进户线横担安装按一端埋设式、两面三端埋设式，并分别区分为二线、四线和六线，均以"根"为单位计算安装工程量。内容包括：测位、画线、打眼、钻孔、横担安装、装瓷瓶和防水弯头。横担、绝缘子、防水弯头、支撑铁件及螺栓应另行计价。

（4）拉线制作安装

拉线形式有普通拉线、水平拉线、Y 形（上下）拉线、Y 形（水平）拉线 4 种，均按拉线截面分规格（即 35 mm²、70 mm²、120 mm² 以内），分别以"根"为单位计算，拉线材料、金具等另行计算。拉线长度按设计全根长度计算。

（5）导线跨越及进户线架设

导线跨越，按导线架设区段内跨越障碍物（如电力线、通信线、公路、铁路、河流），以"处"

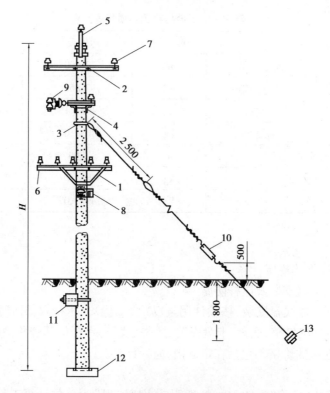

图 3.34 钢筋混凝土电杆装置示意图

1—低压五线横担;2—高压二线横担;3—拉线抱箍;4—双横担;5—杆顶支座;
6—低压针式绝缘子;7—高压针式绝缘子;8—蝶式绝缘子;9—悬式绝缘子及高压蝶式绝缘子;
10—花篮螺丝;11—卡盘;12—底盘;13—拉线盘

为单位计算。导线跨越系指一个跨越档内跨越一种障碍物。如果在同一跨越档内,有两面三端以上跨越物时,则每一跨越物视为"一处"计算;大于 50 m,小于 100 m 时,按两"处"计算,依此类推,单线广播线不计算跨越物。

进户线架设,按导线截面的不同区分规格,以单线延长"m"为单位计算工程量。工作内容包括:放线、紧线、瓷瓶绑扎、压接包头,但导线、绝缘子本身价值应另行计算。

进户线与接户杆示意如图 3.35 所示。

低压接户线的档距设计规定不大于 25 m,档距超过 25 m 时设有接户杆,低压接户杆的档距不超过 40 m。低压进户线横担如图 3.36 所示。

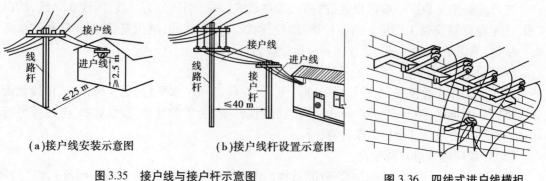

(a)接户线安装示意图   (b)接户线杆设置示意图

图 3.35 接户线与接户杆示意图   **图 3.36 四线式进户线横担**

一幢建筑物,一般情况下对同一电源只做一个接户线。当建筑物体量较长、容量较大或有特殊要求时,可根据当地供电部门规定,考虑多组接户线。

(6)杆上变配电设备安装

杆上变压器安装区分不同容量(kVA)分别以"台"为单位计算。跌落式熔断器、避雷器,分别以"组"为单位计算,油开关、配电箱分别以"台"计算。工作内容包括杆上支架、横担、撑铁安装,设备安装固定、检查、调整,油开关注油,配线、接线接地等。钢支架主材、连引线、瓷瓶、金具、接线端子、熔断器等主材应另行计算。

杆上变配电设备安装如图3.37所示。

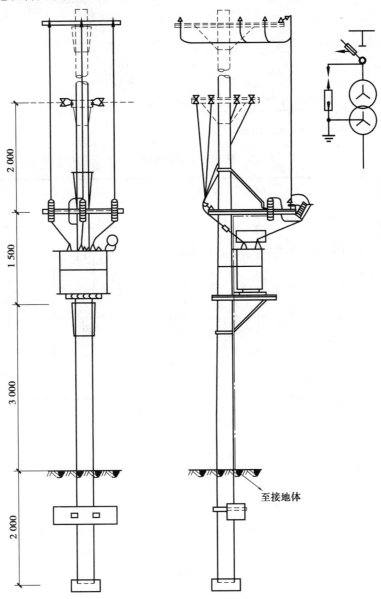

图3.37 单杆变压器台结构

3.10.4 架空线安装实例分析

【例】 如图 3.38 所示为一条长 700 m 三线式单回路架空线路,试计算其工程量(杆塔简图如 3.39 所示,杆塔型号见表 3.15)。

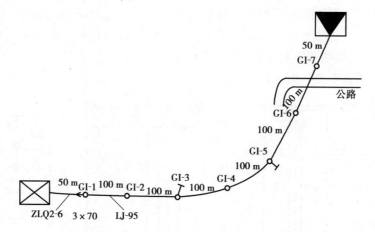

图 3.38 架空线路

图 3.39 杆塔简图

表 3.15 杆塔型号

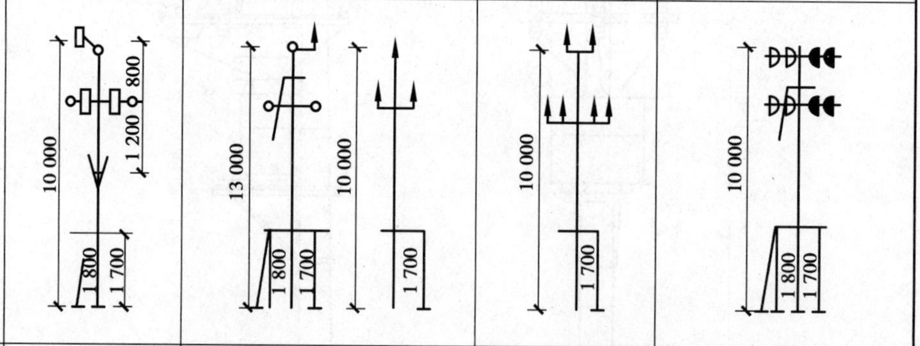

杆塔型号	D_3	NJ_1	Z	K	D_1
电杆	ϕ190-10-A	ϕ190-10-A	ϕ190-10-A	ϕ190-10-A	ϕ190-10-A
横担	1 500 2×∟ 75×8 (2Ⅲ₃)	1 500 2×∟ 63×6 (2Ⅰ₃)	1 500 ∟ 63×6 (Ⅰ₃)	1 500 ∟ 63×6 (Ⅰ₃)	1 500 2×∟75×8 (2Ⅲ₃)
底盘	DP_6	DP_6	DP_6 KP_{12}	DP_6 KP_{12}	DP_6
拉线	GJ-35-3-I₂	GJ-35-3-I₂			GJ-35-3-I₂
电缆盒					

【解】 定额工程量计算如下：

1）杆坑、拉线坑、电缆沟等土方计算

（1）杆坑：查表得电杆的每坑土方量为 3.39 m^3，拉线与此不同，所以有 $7×3.39$ $m^3 = 23.73$ m^3。

（2）拉线坑：$4×3.39$ $m^3 = 13.56$ m^3。

（3）电缆沟：$[50+2×2.28(备用长)]×0.45$ $m^3 = 24.55$ m^3。

土方总计：$(23.73+13.56+24.55)$ $m^3 = 61.84$ m^3。

表 3.16　绝缘子配置

杆　号	耐张绝缘子	针式绝缘子
GⅠ-1	6 个	1 个 P-15(10)T
GⅠ-3　GⅠ-5	12 个×2	1×2
GⅠ-2　GⅠ-4		3×2
GⅠ-6		6
GⅠ-7	6	
小　计	36	15

2）底盘安装

DP_6：$7×1$ 个 = 7 个。

卡盘安装：KP_{12}：$3×1$ 个 = 3 个。

3）立电杆

ϕ190-10-A：7 根。

4）横担安装

双根：4 根，75 mm×8 mm×1 500 mm。

单根：4 根，63 mm×6 mm×1 500 mm。

5）钢绞线拉线制安

普通拉线：GJ-35-3-I_2，4 组。

计算拉线长度：$L=KH+A$

$$=[1.414×(10-0.6-1.7)+1.2+1.5]\text{m}$$
$$=13.58\text{ m}$$

故 4 组拉线总长为 $4×13.58$ m = 54.32 m。

6）导线架设长度计算（按单延长米计算）

$[(100×6+50)×(1+1\%)+2.5×4]×3$ m = $[656.5+10]×3$ m = 1 999.5 m

7）引出电缆长度计算

引出电缆长度约分为 6 个部分：

（1）引出室内部分长度：因设计无规定，按 10 m 计算。

（2）引出室内外备用长度：按 2.28 m 计算。

（3）线路埋设部分：按图计算为 50 m。

（4）从埋设段向上引至电杆备用长度：按 2.28 计算。

（5）引上电杆垂直部分为：$(10-1.7-0.8-1.2+0.8)$ m = 7.1 m。

（6）电缆头预留长度：按 1.5~2 m 计算。

故电缆总长为：$(10+2.28+50+2.28+7.1+1.5)$ m = 73.16 m。

电缆敷设分为 3 种方式：

①沿室内电缆沟敷设 10 m；

②室外埋设：54.56 m（50+2.28×2）m = 54.56 m；

③沿电杆卡设：8.6 m。

室内电缆头制安 1 个。

室外电缆头制安 1 个。

8）杆上避雷器安装

1 组。

9）进户横担安装

1 根。

绝缘子安装 12 个。

清单工程量计算见表 3.17。

表 3.17 清单工程量计算表

序 号	项目编码	项目名称	项目特征描述	计量单位	工程量
1	030410001001	电杆组立	ϕ190-10-A	根	7
2	030410002001	导线架设	导线架设	km	2
3	030408001001	电力电缆	电缆总长，预留长度 1.5~2m	m	67.10
4	030408001002	电力电缆	室内电缆沟敷设	m	10
5	030408001003	电力电缆	室外埋设	m	50.00
6	030411004001	避雷器、电容器	杆上避雷器安装	组	1

3.11 配管配线

3.11.1 概述

从配电控制设备到用电设备（器具）的输电线路、控制线路和穿管线路的敷设称为配管配线工程。在电气施工图上给出了配电线路的型号、规格、敷设方式、敷设部位及敷设要求等。

室内配电线路按其敷设方式可分为明敷设和暗敷设两种。所谓明敷设，就是将导线直接或穿管（线槽）敷设于墙壁、顶棚的表面及桁架、支架等处；所谓暗敷设，就是将绝缘导线穿于管子、线槽等保护体内，敷设于墙壁、顶棚、地坪及楼板等的内部。管线暗配的优点是可防水、防潮、防腐蚀和美观，使用寿命长，但检修、维护不方便，而且造价偏高。而管线的明配优点是造价低、检修方便，缺点是不美观。

室内配线方法较多，不同的配线方法其技术要求也各不相同，但都要遵循室内配线的基本原则，即：

①安全。必须保证室内配电线路及电器、设备的安全运行。

②可靠。保证线路供电的可靠性和室内电器、设备运行的可靠性。

③方便。保证施工和运行操作的方便，还要保证使用维修的方便。

④美观。不因室内配线及电气设备的安装而影响建筑物或室内的美观,相反应有助于建筑物的美化和室内装饰。

⑤经济。在保证安全、可靠、方便、美观和具有发展可能的条件下,应考虑其经济性,尽量选用最合理的施工方法,达到最理想的效果,节约资金。

为此,在施工过程中,应严格执行《建筑电气工程施工质量验收规范》(GB 50303—2002),做好施工过程中的质量控制。

室内配线的一般施工工序:

①定位划线。根据施工图纸,确定电气安装位置、导线敷设路径及导线穿过墙壁和楼板的位置。

②预留预埋。在土建施工时配合土建搞好预留预埋工作,如不可能也应在土建抹灰前,将配线所有的固定点打好膨胀螺栓或孔洞,埋设好支持件。

③装设绝缘支持物、线夹、支架或保护管。

④敷设导线。

⑤安装灯具及电气设备。

⑥测试导线绝缘,连接导线。

⑦校验、自检、试通电。

⑧工程报验。

⑨质量验收。

电气配管包括电线管敷设,钢管及防爆钢管敷设,可挠金属管敷设,塑料管(硬聚氯乙烯管、刚性阻燃管、半硬性质阻燃管)敷设。

电气配线包括管内穿线、瓷夹板配线、塑料夹板配线,鼓形、针式、蝶式绝缘子配线,木槽板、塑料槽板配线,塑料护套线敷设、线槽配线。线路敷设方式及敷设部位字符表达见表3.18和表3.19。

表 3.18　线路敷设方式

序号	名　　称	标注文字符号	序号	名　　称	标注文字符号
1	穿焊接钢管敷设	SC	8	沿钢索敷设	M
2	穿电线管敷设	MT	9	直接埋地	DB
3	穿硬塑料管	PC	10	穿金属软管	CP
4	穿阻燃半聚氯乙烯管	FPC	11	穿塑料波纹管	KPC
5	电缆桥架敷设	CT	12	电缆沟敷设	TC
6	金属线槽敷设	MR	13	混凝土排管敷设	CE
7	塑料线槽敷设	PR	14	瓷瓶或瓷柱敷设	K

表 3.19 线路敷设部位

序号	名 称	标注文字符号	序号	名 称	标注文字符号
1	沿或跨屋架敷设	AB	6	暗敷设在墙内	WC
2	暗敷设在梁内	BC	7	沿天棚或顶版面	CE
3	沿或跨柱敷设	AC	8	暗敷在顶板内	CC
4	暗敷设在柱内	CLC	9	吊顶内敷设	SCE
5	沿墙面明敷设	WS	10	沿地板	F

3.11.2 室内管线安装

室内管线安装详见国家建筑标准设计图集 D301-1-3(2004 年合订本)。几种常见配线方式如下。

1)硬塑料管沿墙明敷

硬塑料管沿墙明敷如图 3.40 所示。

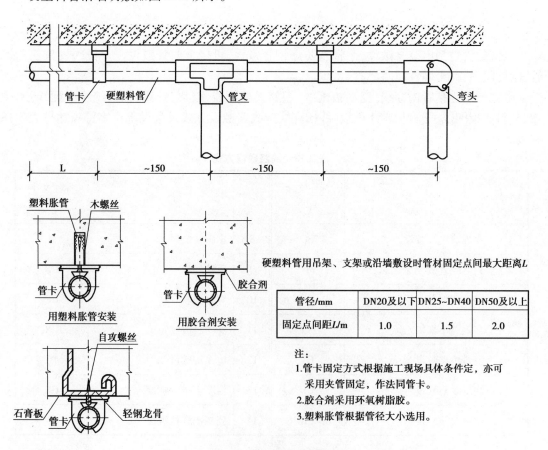

图 3.40 塑料管沿墙明敷

2）硬塑料管在墙体及楼板内敷设

硬塑料管在墙体及楼板内敷设如图 3.41 所示。

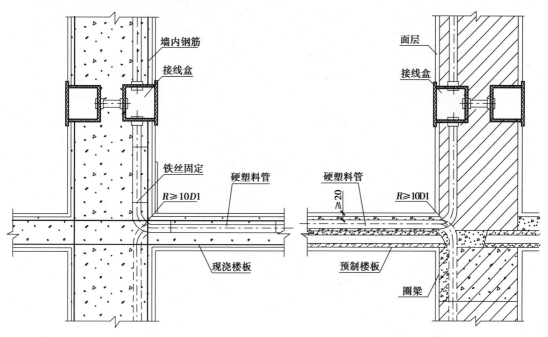

图 3.41　硬塑料管在墙体及楼板内敷设

3）钢管配线水平吊装

钢管配线水平吊装如图 3.42 所示。

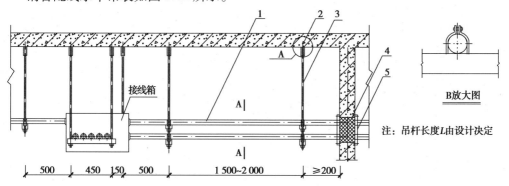

注：吊杆长度 L 由设计决定

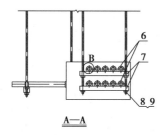

序号	名　称	型号规格	单位	数量	页次	备注
1	钢　管	见工程设计				
2	连接螺母	M12×50	个	12		
3	吊　杆	φ12	根	12		
4	防火堵料					
5	防火隔板		块	2		
6	U形钢管卡				46	
7	U形钢管		段	6	46	
8	垫　圈	12	个	16		
9	螺　母	M12	个	28		

图 3.42　钢管配线水平吊装

4) 钢管沿现浇楼板暗敷

钢管沿现浇楼板暗敷如图 3.43 所示。

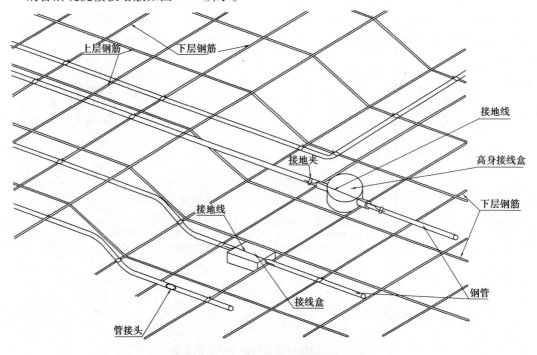

图 3.43　钢管沿现浇板暗敷

注:
1. 钢管在现浇混凝土板中暗敷时,在钢管下方适当位置加混凝土垫块作为支撑,或选择合适尺寸的高身接线盒。
2. 浇灌混凝土时,接线盒内需用填料充实。

5) 塑料线槽敷设

塑料线槽配线示意如图 3.44 所示。

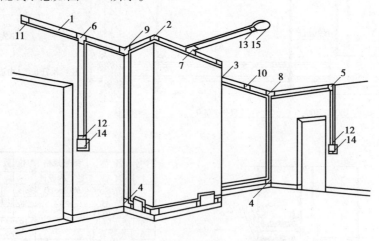

图 3.44　塑料线槽配线示意图
1—直线线槽;2—阳角;3—阴角;4—直转角;5—平转角;6—平三通;
7—顶三通;8—左三通;9—右三通;10—连接头;11—终端头;
12—开关盒插口;13—灯位盒插口;14—开关盒及盖板;15—灯位盒及盖板

6）金属线槽敷设

金属线槽在墙上安装如图 3.45 所示。

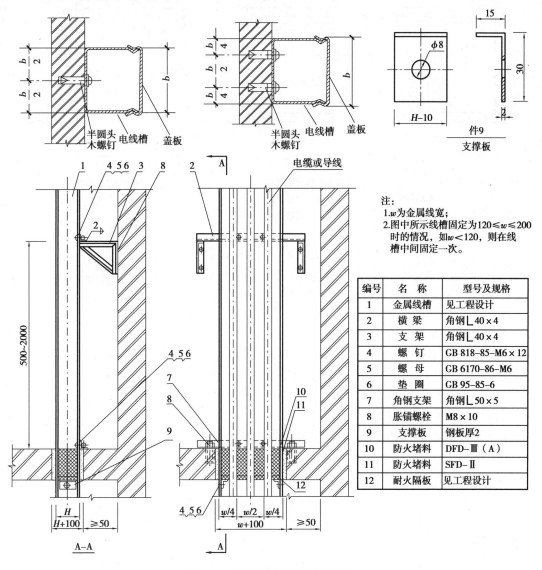

注：
1. w 为金属线宽；
2. 图中所示线槽固定为 120≤w≤200 时的情况，如 w<120，则在线槽中间固定一次。

编号	名　称	型号及规格
1	金属线槽	见工程设计
2	横　梁	角钢 ∟40×4
3	支　架	角钢 ∟40×4
4	螺　钉	GB 818–85–M6×12
5	螺　母	GB 6170–86–M6
6	垫　圈	GB 95–85–6
7	角钢支架	角钢 ∟50×5
8	胀锚螺栓	M8×10
9	支撑板	钢板厚2
10	防火堵料	DFD–Ⅲ（A）
11	防火堵料	SFD–Ⅱ
12	耐火隔板	见工程设计

图 3.45　金属线槽沿墙垂直安装

7）钢索吊管配线

钢索吊管配线参见标准图案。

8）电气竖井内配线

电气竖井配电间设备布置如图 3.46 所示。

9）配管配线工程的技术要求

配管配线工程的各项技术要求如下：

①金属的导管和线槽必须接地（PE）或接零（PEV）可靠，并符合以下规定：

a.镀锌的钢导管、可挠性导管和金属线槽不得熔焊跨接接地线，以专用接地卡跨接的两卡

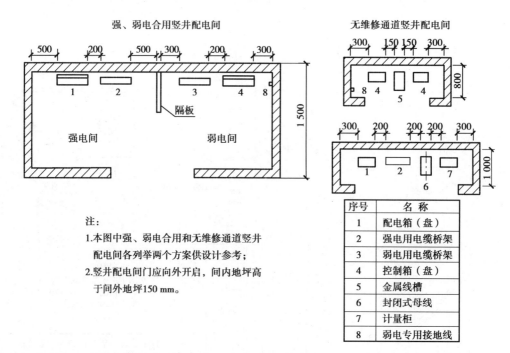

图 3.46　电气竖井配电间设备布置示意图

间连线为铜芯软线,截面不小于 4 mm^2。

b.当非镀锌钢导管采用螺纹连接时,连接处的两端焊跨接接地线;当镀锌钢导管采用螺纹连接时,连接处的两端采用专用接地卡固定跨接接地线。

c.金属线槽不作设备的接地导体,当设计无要求时,金属线槽全长不小于 2 处与接地(PE)或接零(PEV)干线连接。

d.非镀锌金属线槽间连接板的两端跨接铜芯接地线,镀锌线槽间连接板的两端部跨接接地线,但连接板两端部不少于 2 个有防松螺帽或防松垫圈的链接固定螺栓。

②金属导管严禁对口熔焊连接;镀锌和壁厚不大于 2 mm 的钢导管不得套管熔焊连接。

③防爆导管不应采用倒扣连接;当连接有困难时,应采用防爆活接头,其接合面应严密。

④当绝缘导管在砌体上剔槽埋设时,应采用强度等级不小于 M10 的水泥砂浆抹面保护,保护层厚度不小于 15 mm。

⑤电缆导管的弯曲半径不应小于电缆最小允许弯曲半径,电缆最小允许弯曲半径应符合《建筑电气工程施工质量验收规范》中的规定。

⑥金属导管内外壁应防腐处理;埋设于混凝土内的导管应防腐处理,外壁可无防腐处理。

⑦室内进入落地式柜、台、箱、盘内的导管管口,应高出柜、台、箱、盘的基础面 50～80 mm。

⑧暗配的导管,其埋设深度与建筑物、构筑物表面的距离不应小于 15 mm;明配的导管应排列整齐,固定点间均匀,安装牢固。

⑨线槽安装牢固,无扭曲变形,紧固件的螺母应在线槽外侧。

⑩三相或单相的交流单芯电缆,不得单独穿于钢导管内。

⑪不同回路、不同电压等级和交流与直流的电线,不应穿于同一导管内;同一交流回路的电线应穿于同一金属导管内,且管内电线不得有接头。

⑫爆炸危险环境照明线路的电线和电缆额定电压不得低于 750 V,且电线必须穿于钢导管内。

导线管配表见附录表 4。

导线允许载流量见附录表 4。

3.11.3 清单项目设置

配管配线工程安装在 2013 计价规范《通用安装工程计量规范》(电气设备安装工程)附录 D.12 中设置 6 个清单项目。

①电气配管:清单编码 030411001×××,计量单位"m"。

计算规则:按设计图示尺寸以长度来计算,不扣除管路中间的接线盒(箱)、灯位盒、开关盒等所占长度。

工程内容:刨沟槽,钢索架设(拉紧装置安装),支架制作、安装,电线管路敷设,接线盒(箱)、灯头盒、开关盒、插座盒安装,防腐油安装,接地,钢管还要焊接等。

②线槽:清单编码 030411002×××,计量单位"m"。

计算规则:按设计图示尺寸以长度来计算。

工程内容:安装,油漆。

③桥架:清单编码 030411003×××,计量单位"m"。

计算规则:按设计图示尺寸以长度来计算。

工程内容:本体安装,接地。

④配线:清单编码 030411004×××,计量单位"m"。

计算规则:按设计图示尺寸以单线长度计算。

计算公式:L=(管长+预留长度)×根数。其中,导线预留长度见表 3.20。

工程内容:支持体(夹板、绝缘子、槽板等)安装,支架制作、安装,钢索架设(拉紧装置安装),配线,管内穿线等。

⑤接线箱:清单编码 030411005×××,计量单位"个"。

计算规则:按设计图示数量计算。

⑥接线盒:清单编码 030411006×××,计量单位"个"。

计算规则:按设计图示数量计算。

3.11.4 配管配线工程量计算

配线敷设进入配电箱、柜、板的预留线,应按表 3.20 规定预留长度,分别计入相应的工程量内。

表 3.20　连接设备导线预留长度表

序号	项　目	预留长度	说　明
1	各种开关箱、柜、板	高+宽	盘面尺寸
2	单独安装(无箱,盘)的铁壳开关,闸刀开关,起动器,母线槽进出线盒等	0.3 m	以安装对象中心算
3	由地平管子出口引至动力接线箱	1 m	以管口计算
4	电源与管内导线连接(管内穿线与软,硬母线接头)	1.5 m	以管口计算
5	出户线	1.5 m	以管口计算

1)电气配管

配管工程量按图示延长米计算,包括水平及绕梁、柱和上下走向的垂直长度,不扣除管线中间接线盒、灯头盒和开关盒所占的长度。

水平方向敷设的线管应以施工图的管线走向、敷设部位和设备安装的中心点为依据,并借用平面图上所标墙、柱轴线尺寸进行线管长度的计算,若没有轴线尺寸可利用时,则应运用比例尺或直尺直接在平面图上量取线管长度,或在电子版 CAD 图中工具栏内进行距离查询。

垂直方向的线管(沿墙、柱引上或引下),其配管长度一般应根据楼层的高度和箱、柜、盘、板、开关、插座、灯具等的安装高度进行计算,如图 3.47 所示。

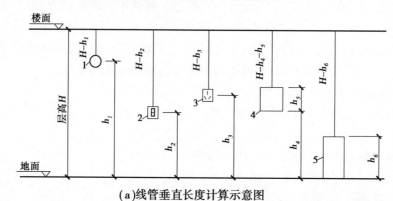

(a)线管垂直长度计算示意图

1—拉线开关;2—板式开关;3—插座;4—墙上配电箱;5—落地配电箱

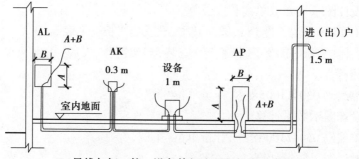

(b)导线与柜、箱、设备等相连预留长度示意图

图 3.47 电气配管长度计算

2)电气配线

电气配线工程按配线形式有管内穿线、瓷夹板配线、塑料夹板配线、鼓形绝缘子配线、针式绝缘子配线、蝶式绝缘子配线、木槽板配线、塑料槽板配线、塑料护套明敷配线、线槽配线等,施工工程内容要求详见《建筑电气工程施工质量验收规范》中的规定。

计算管内穿线长度可与计算配管工程量同时进行。

3)接线盒的计算

在配管配线工程中,无论是明配还是暗配均存在线路接线盒(分线盒)、接线箱、开关盒、灯头盒、插座盒的安装。在定额中接线盒为未计价材料,开关盒、灯头盒、插座盒根据图示数量统计,分线盒产生在管线分支处或管线的拐弯处,钢管配钢质接线盒,塑料管配塑料接线盒。

线路长度超过下列范围时,应按规范要求装设分线箱或接线盒。

①管子全长超过 30 m 无弯曲;

②管子全长超过 20 m 有一个弯曲;

③管子全长超过 15 m 有二个弯曲;

④管子全长超过 8 m 有三个弯曲。

垂直敷设的电线保护管遇下列情况之一时,应增设固定导线用的拉线盒:

①管内导线截面为 50 mm^2 及以下,长度每超过 30 m;

②管内导线截面为 70~95 mm^2 及以下,长度每超过 20 m;

③管内导线截面为 120~240 mm^2 及以下,长度每超过 18 m。

配管安装中不包括凿槽、刨沟的工作内容,另执行附录 D14 相关编码列项。

3.12 照明器具安装

3.12.1 概述

照明器具的安装是电气安装工程的主要组成部分之一。照明器具包括光源与灯具(灯架、灯罩、灯座及其他附件)。灯具种类及结构成千上万种,其型号、规格繁多,各厂家产品结构形式不同,型号标注也不规范,给定额使用带来了困难,国家统一安装定额远远不能满足安装工程预算编制的需要。1992 年国家能源部颁发了《装饰灯具安装定额》,原第二篇作为 A 部,后者作为 B 部,2000 年版《全国统一安装工程预算定额》将其合二为一,并附有灯具彩色图片,给定额应用带来了极大方便。

常用灯具的安装方式见表 3.21。

表 3.21 灯具安装方式

安装方式	标注文字符号	英文名称
线吊式	SW	Wire suspension type
链吊式	CS	Catenary suspension type
管吊式	DS	Conduit suspension type
壁装式	W	Wall mounted type
吸顶式	C	Ceiling mounted type
嵌入式	R	Flush type
顶棚内安装	CR	Recessed in ceiling
墙壁内安装	WR	Recessed in wall
支架上安装	S	Mounted on support
柱上安装	CL	Mounted on column
座装	HM	Holder mounting

常见灯具的安装如图 3.48 所示。

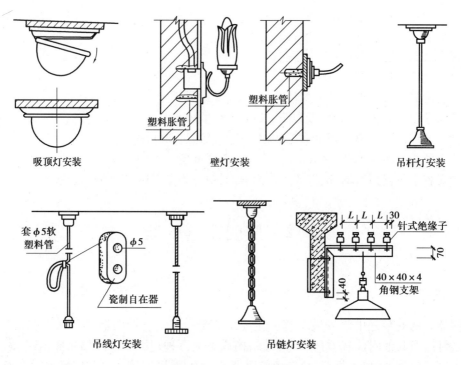

吸顶灯安装　　　　　　壁灯安装　　　　　　吊杆灯安装

吊线灯安装　　　　　　吊链灯安装

图 3.48　灯具安装方式

3.12.2　清单项目设置及工程量计算规则

照明器具的安装就灯具的种类、大小、安装方式、安装高度、组装的复杂程度等有很大的不同,在 2013 计价规范《通用安装工程计量规范》附录 D.13 中设置了 11 个项目。

①普通灯具:清单编码 030412001×××,计量单位"套"。

②工厂灯:清单编码 030412002×××,计量单位"套"。

③高度标志(障碍)灯:清单编码 030412003×××,计量单位"套"。

④装饰灯:清单编码 030412004×××,计量单位"套"。

⑤荧光灯:清单编码 030412005×××,计量单位"套"。

⑥医疗专用灯:清单编码 030412006×××,计量单位"套"。

⑦一般路灯:清单编码 030412007×××,计量单位"套"。

⑧中杆灯:清单编码 030412008×××,计量单位"套"。

⑨高杆灯:清单编码 030412009×××,计量单位"套"。

⑩桥栏杆灯:清单编码 030412010×××,计量单位"套"。

⑪地道涵洞灯:清单编码 030412011×××,计量单位"套"。

照明器具的安装工程内容因其复杂程度的不同,施工内容和要求有很大的不同,具体参见相应的施工验收规范。

【例】　某市星火立交桥照明工程,设计选用 16 套 SGYQ300-12 型高杆照明,如图 3.49 所示,灯杆高 12 m,灯架为成套可升降型,3 个灯头,混凝土基础,试列出该工程项目清单。

图 3.49　SGYQ300-12 型
可倾式高杆灯

表 3.22　分部分项工程量清单

序号	项目编码	项目名称及项目特征	计量单位	工程数量
1	030412009001	高杆灯安装 高杆灯 SGYQ300-12 型,安装安度 12 m,可升降,3 灯头成套灯架。 (1)基础浇筑; (2)立杆; (3)灯架安装; (4)引下线支架制作、安装; (5)焊压接线端子; (6)升降机构接线、测试; (7)补喷油漆; (8)接地及灯杆编号	套	16

3.12.3　定额工程量及计算规则

①普通灯具安装的工程量,应区别灯具的种类、型号、规格,以"10 套"为计量单位。普通灯具安装定额适用范围见表 3.23。

表 3.23　普通灯具安装定额适用范围

定额名称	灯具种类
圆球吸顶灯	材质为玻璃的螺口、卡口圆球独立吸顶灯
半圆球吸顶灯	材质为玻璃的独立半圆球吸顶灯、扁圆罩吸顶灯、平圆型吸顶灯
方型顶灯	材质为玻璃的独立的矩形罩吸顶灯、方型吸顶灯、大口方罩顶灯
软线吊灯	利用软线为垂吊材料、独立的,材质为玻璃、塑料、搪瓷,形状如碗伞、平盘灯罩组成的各式软线吊灯
吊链灯	利用吊链作辅助悬吊材料、独立的,材质为玻璃、塑料罩的各式吊链灯
防水吊灯	一般防水吊灯
一般弯脖灯	圆球弯脖灯、风雨壁灯
一般墙壁灯	各种材质的一般壁灯、镜前灯
软线吊灯头	一般吊灯头
声光控座灯头	一般声控、光控吊灯头
座灯头	一般塑胶、瓷质吊灯头

②吊式艺术装饰灯具的工程量,应根据装饰灯具示意图集所示,区别不同装饰物以及灯体直径和灯体垂直长度,以"10 套"为计量单位计算。灯体直径为装饰物的最大外缘直径,灯体垂吊长度为灯座底部到灯梢之间的长度。

③吸顶式艺术装饰灯具安装的工程量,应根据装饰灯具示意图集所示,区别不同装饰物、

吸盘的几何形式、灯体直径、灯体周长和灯体垂吊长度,以"10套"为计量单位计算。灯体直径为吸盘最大外缘直径;灯体半周长为矩形吸盘的半周长;吸顶式艺术装饰灯具的灯体垂吊长度为吸盘到灯梢之间的总长度。

④荧光艺术装饰灯具安装的工程量,应根据装饰灯具示意图集所示,区别不同安装形式和计量单位计算。

a.组合荧光灯光带安装的工程量,应根据装饰灯具示意图集所示,区别安装形式、灯管数量、以延长米"10 m"为计量单位计算。灯具的设计数量与定额不符时,可以按设计量加损耗量调整主材。

b.内藏组合式灯光带安装的工程量,应根据装饰灯具示意图所示,区别灯具组合形式,以延长米"10 m"为计量单位计算。灯具的设计数量与定额不符时,可以按设计量加损耗量调整主材。

c.发光棚安装的工程量,应根据装饰灯具示意图集所示,以"m²"为计量单位计算。发光棚灯具按设计量加损耗量计算。

d.立体广告灯箱、荧光灯光沿的工程量,应根据装饰灯具示意图集所示,以延长米"10 m"为计量单位计算。灯具的设计数量与定额不符时,可以按设计量加损耗量调整主材。

⑤几何形状组合艺术灯具安装的工程量,应根据装饰灯具示意图集所示,区别不同安装形式及灯具的不同形式,以"10套"为计量单位计算。

⑥标志、诱导装饰灯具安装的工程量,应根据装饰灯具示意图集所示,区别不同安装形式,以"套"为计量单位计算。

⑦水下艺术装饰灯具安装的工程量,应根据装饰灯具示意图集所示,区别不同安装形式,以"10套"的计量单位计算。

⑧点光源艺术装饰灯具安装的工程量,应根据装饰灯具示意图集所示,区别不同安装形式、不同灯具直径,以"10套"为计量单位计算。

⑨草坪灯具安装的工程量,应根据装饰灯具示意图集所示,区别不同安装形式,以"10套"为计量单位计算。

⑩歌舞厅灯具安装的工程量,应根据装饰灯具示意图集所示,区别不同灯具形式,分别以"10套""延长米""10 m""台"为计量单位计算。装饰灯具安装定额适用范围见表3.24。

表3.24 装饰灯具安装定额适用范围

定额名称	灯具种类(形式)
吊式艺术装饰灯具	不同材质、不同灯体垂吊长度、不同灯体直径的蜡烛灯、挂片灯、串珠(穗)、串棒灯、吊杆式组合灯、玻璃罩灯(带装饰)
吸顶式艺术装饰灯具	不同材质、不同灯体垂吊长度、不同灯体几何形状的串珠(穗)、串棒灯、挂片、挂碗、挂吊蝶灯、玻璃罩灯(带装饰)
荧光艺术装饰灯具	不同安装形式、不同灯管数量的组合荧光灯光带,不同几何组合形式的内藏组合式灯,不同几何尺寸、不同灯具形式的发光棚,不同形式的立体广告灯箱、荧光灯光檐

定额名称	灯具种类（形式）
几何形状组合艺术灯具	不同固定形式、不同灯具形式的繁星灯、砖石星灯、礼花灯、玻璃罩钢架组合灯、凸片灯、反射挂灯、筒形钢架灯、U 形组合灯、弧形管组合灯
标志、诱导装饰灯具	不同安装形式的标志灯、诱导灯
水下艺术装饰灯具	简易型彩灯、密封型彩灯、喷水池灯、幻光型灯
点光源艺术装饰灯具	不同安装形式、不同灯体直径的筒灯、牛眼灯、射灯、轨道射灯
草坪灯具	各种立柱式、墙壁式的草坪灯
歌舞厅灯具	各种安装形式的变色转盘灯、雷达射灯、幻影转彩灯、维纳斯旋转彩灯、卫星旋转效果、飞碟旋转效果灯、多头转灯、滚筒灯、频闪灯、太阳灯、雨灯、歌星灯、边界灯、射灯、泡泡发生器、迷你满天星灯、迷你单立（盘彩灯）、多宇宙灯、镜面球灯、蛇光管

⑪荧光灯具安装的工程量，应区别灯具安装形式、灯具种类、灯管数量，以"10 套"为计量单位计算。荧光灯具安装定额适用范围见表 3.25。

表 3.25　荧光灯具安装定额适用范围

定额名称	灯具种类
组装型荧光灯	单管、双管、三管、吊链式、吸顶式、嵌入式、现场组装独立荧光灯
成套型荧光灯	单管、双管、三管、吊链式、吊管式、吸顶式、嵌入式、成套独立荧光灯

⑫工厂灯及防水防尘灯安装的工程量，应区别不同安装形式，以"10 套"为计量单位计算。工厂灯安装定额适用范围见表 3.26。

表 3.26　工厂灯安装定额适用范围

定额名称	灯具种类
直杆工厂吊灯	配照（GC1-A）、广照（GC3-A）、深照（GC5-A）、斜照（GC7-A）、圆球（GC17-A）、双罩（GC19-A）
吊链式工厂灯	配照（GC1-B）、深照（GC3-B）、斜照（GC5-C）、圆球（GC7-B）、双罩（GC19-A）、广照（GC19-B）
吸顶式工厂灯	配照（GC1-C）、广照（GC3-C）、深照（GC5-C）、斜照（GC7-C）、双罩（GC19-C）
弯杆式工厂灯	配照（GC1-D/E）、广照（GC3-D/E）、深照（GC5-D/E）、斜照（GC7-D/E）、双罩（GC19-C）、局部深罩（GC26-F/H）
悬挂式工厂灯	配照（GC21-2）、深照（GC23-2）
防水防尘灯	广照（GC9-A、B、C）、广照保护网（GC11-A、B、C）、散照（GC15-A、B、C、D、E、F、G）

⑬工厂其他灯具安装的工程量,应区别不同灯具类型、安装形式、安装高度,以"10 套"为计量单位计算。工厂其他安装定额适用范围见表 3.27。

表 3.27　工厂其他灯具安装定额适用范围

定额名称	灯具种类
防潮灯	扁形防潮灯(GC-31)、防潮灯(GC-33)
腰形舱顶灯	腰形舱顶灯 CCD-1
碘钨灯	DW 型,220 V/300~1 000 W
管形氙气灯	自然冷却式 220 V/380 V,20 kW 内
投光灯	TG 型室外投光灯
高压汞灯整流器	外附式整流器,125~400 W
安全灯	(AOB-1、2、3)、(AOC-1、2)型安全灯
防爆灯	CBC-200 型防爆灯
高压水银防爆灯	CBC-125/250 型高压水银防爆灯
防爆荧光灯	CBC-1/2 单/双管防爆型荧光灯

⑭医院灯具安装的工程量,应区别灯具种类,以"套""10 套"为计量单位计算。医院灯具安装定额适用范围见表 3.28。

表 3.28　医院灯具安装定额适用范围

定额名称	灯具种类
病房指示灯	病房指示灯
病房暗脚灯	病房暗脚灯
无影灯	3~12 孔管式无影灯

⑮路灯安装工程,应区分不同灯具(架)、臂长、不同灯火数、安装形式及高度,以"10 套"为计量单位计算。路灯安装定额范围见表 3.29。

表 3.29　路灯安装定额适用范围

定额名称	灯具种类
大马路弯灯	臂长 120 mm 以下、臂长 1 200 mm 以上
庭院路灯	三火以上、七火以下
单臂抱箍式挑灯架	单抱箍臂长 1 200 mm、3 000 mm 以下,双抱箍臂长 3 000 mm、5 000 mm 以下及臂长 5 000 mm 以上,双拉梗臂长 3 000 mm、5 000 m 以下及臂长 5 000 mm 以上,双臂架臂长 3 000 mm、5 000 mm 以下

续表

定额名称	灯具种类
单臂顶套式挑灯架	成套型臂长 3 000 mm、5 000 mm 以下及臂长 5 000 mm 以上
双臂悬挑灯架	臂长 2 500 mm、5 000 mm 以下,臂长 5 000 mm 以上
广场灯架	灯杆高度以下 11 m,灯火数 7、9、12、15、20、25; 灯杆高度以下 18 m,灯火数 7、9、12、15、20、25
高杆灯架	灯盘固定式,灯火数 12、18、24、36、48、60; 灯盘升降式,灯火数 12、18、24、36、48、60
道路照明灯具	敞开式、双光源式、密封式、普通式、悬吊式
桥栏杆灯具	嵌入式、明装式
地道涵洞灯具	敞开式、密封式

3.12.4　路灯工程

在 2013 计价规范《市政工程计量规范》(GB 500857—2013)中,单独列出了路灯工程附录 H。与《电气设备安装工程计量规范》中的内容差不多,项目编码变了,其工程项目设置、项目特征描述的内容、计量单位及计算规则,市政路灯工程应按《市政工程计量规范》附录 H 的规定执行。

市政路灯工程包括变配电设备工程 H.1(040801)、10 kV 以下架空线路工程 H.2(040802)、电缆工程 H.3(040803)、配管配线工程 H.4(040804)、照明器具安装工程 H.5(040805)、防雷接地装置工程 H.6(040806)、电气调整试验 H.7(040807)、其他相关说明 H.8。

3.13　附属工程

1)附属工程

在 2013 计价规范《通用安装工程计量规范》中增加了附属工程 D.14,其工程项目设置、项目特征描述的内容、计量单位及计算规则应按 D.14 的规定执行。

①铁构件:清单编码 030413001×××,计量单位"kg"。

②铁构件开孔:清单编码 030413002×××,计量单位"个"。

③凿(压)槽:清单编码 030413003×××,计量单位"m"。

④打洞(孔):清单编码 030413004×××,计量单位"个"。

⑤管道包封:清单编码 030413005×××,计量单位"m"。

⑥人(手)孔砌筑:清单编码 030413006×××,计量单位"个"。

⑦人(手)孔防水:清单编码 030413007×××,计量单位"m^2"。

电气铁构件适用电气工程的各种支架、铁构件的制作安装。

2）其他相关问题

在 2013 计价规范《通用安装工程计量规范》D.15 其他相关问题,应按下列规定处理:

①"电气设备安装工程"适用于 10 kV 及以下变配电设备及线路的安装工程、车间动力电气设备及电器照明、防雷及接地装置安装、配管配线、电气调试等。

②在 2013 计价规范《通用安装工程计量规范》附录 D 中的电线、电缆、母线均按设计要求、规范、施工工艺规程规定的预留量及附加长度计入工程量。

③挖土、填土工程、灯具拆除,应按《房屋建筑与装饰工程计量规范》相关项目编码列项。

④开挖路面、电杆拆除,应按《市政工程计量》相关项目编码列项。

⑤电气套管,应按本规范附录 J 采暖、给排水、燃气工程相关项目编码列项。

⑥除锈、刷漆(补刷漆除外)、保温及保护层安装,应按本规范附录 L 刷油、防腐蚀、绝热工程相关项目编码列项。

⑦工作内容含补漆的工序,可不进行特征描述,由投标人在投标书中根据相关规范自行考虑报价。

3.14　电气调整试验

3.14.1　清单项目设置及工程量计算规则

在 2013 计价规范《通用安装工程计量规范》(电气设备安装工程)附录 D.11 中电气调整试验包括以下内容:

①电力变压器系统:项目编码 030414001,计量单位"系统",按设计图示数量计算。

②送配电装置系统:项目编码 030414002,计量单位"系统""套",按设计图示数量计算。

③特殊保护装置:编码 030414003,计量单位"套"或"系统",按设计图示数量计算。

④自动投入装置:编码 030414004,计量单位"套"或"系统",按设计图示数量计算。

⑤中央信号装置:项目编码 030414005,计量单位"系统""台",按设计图示数量计算。

⑥事故照明切换装置:项目编码 030414006,计量单位"系统",按设计图示系统计算。

⑦不间断电源装置:项目编码 030414007,计量单位"系统",按设计图示系统计算。

⑧母线:项目编码 030414008,计量单位"段"或"组",按设计图示数量计算。

⑨避雷器:编码 030414009,计量单位"段"或"组",按设计图示数量计算。

⑩电容器:编码 030414010,计量单位"段"或"组",按设计图示数量计算。

⑪接地装置:项目编码 030414011,计量单位"系统""组",按设计图示系统计算。

⑫电抗器、消弧线圈:项目编码 030414012,计量单位"台",按设计图示数量计算。

⑬电除尘器:项目编码 030414013,计量单位"组",按设计图示数量计算。

⑭硅整流设备、可控硅整流装置:项目编码 030414014,计量单位"系统",按设计图示数量计算。

⑮电缆试验:项目编码 030414015,计量单位"次""根",按设计图示数量计算。

3.14.2　电气调整试验定额项目及工程量计算规则

①电气调试系统的划分以电气原理系统图为依据;工程量以提供的调试报告为依据。电气设备元件和本体实验均包括在相应的系统调试之内,不得重复计算。绝缘子和电缆等单体实验,只在单独实验时使用。

②电气调试所需的电力消耗已包括在定额内,一般不另计算,但 10 kW 以上电机及发电机的启动调试的蒸汽、电力和其他动力能源消耗及变压器空载试运转的电力消耗,另行计算。

③送配电设备系统调试,适用于变配电所(室)高、低压开闭锁柜的各种供电回路(包括照明供电回路)的系统调试。供电桥回路的断路器、母线分段断路器,均按独立的送配电设备系统计算调试定额项目。

④变压器系统的调试,以每个电压侧有一个断路器为准。多于一个断路器的按相应电压等级送配电设备系统调试的相应定额另行计算。干式变压器调试,执行相应容量变压器调试定额乘以系数 0.8。

⑤特殊保护装置均以构成一个保护回路为一套,需要调试,并实际已做,则以调试报告为依据才能计算工程量。其工程量计算规定如下(特殊保护装置未包括在系统调试定额之内,应另行计算):

a.发电机转子接地保护,按全厂发电机共用一套考虑。

b.距离保护,按设计规定所保护的送电线路断路器台数计算。

c.高频保护,按设计规定所保护的送电线路断路器台数计算。

d.零序保护,按发电机、变压器、电动机的台数或送电线路断路器台数计算。

e.故障录波器的调试,以一块屏为一套系统计算。

f.失灵保护,按设置该保护的断路器台数计算。

g.失磁保护,按所保护的电机台数计算。

h.变流器的断线保护,按变流器台数计算。

i.小电流接地保护,按装设该保护的供电回路断路器台数计算。

j.保护检查及打印机调试,按构成该系统的完整回路为一套计算。

⑥自动装置及信号系统调试,均包括继电器、仪表等元件本身和二次回路的调整实验。

⑦备用电源自动投入装置,按连锁机构的个数确定备用电源自投装置系统数。一个备用厂用变压器,作为 3 段厂用工作母线备用的厂用电源,计算备用电源自动投入装置调试时应为 3 个系统。装设自动投入装置的 2 条互为备用的线路或 2 台变压器,计算备用电源自动投入装置调试时应为 2 个系统。备用电动机自动投入装置亦按此计算。

a.线路自动重合闸调试系统,按采用自动重合闸装置的线路自动断路器的台数计算系统数。

b.自动调频装置调试,以一台发电机作为一个系统。

c.同期装置调试,按设计构成一套能完成同期并车行为的装置为一个系统计算。

d.蓄电池及直流监视系统调试,一组蓄电池按一个系统计算。

e.事故照明切换装置调试,按设计能完成交直流切换的一套装置为一个调试系统计算。

f.周波减负荷装置调试,凡有一个周继电器,不论带几个回路,均按一个调试系统计算。

g.变送器屏以屏的个数计算。

h.中央信号装置调试,按每一个变电所或配电室为一个调试系统计算工程量。

i.不同断电源装置调试,按容量以"套"为计量单位。

⑧接地网的调试规定如下：

a.接地网接地电阻的测定。一般的发电机或电站连为一体的母网,按一个系统计算;自成母网不与厂区母网相连的独立接地网,按另一个系统计算。大型建筑群各有自己的接地网(接地电阻值设计有要求),虽然在最后也将各接地网连在一起,但应按各自的接地网计算,不能作为一个网,具体应按接地网的接地情况,按接地断接卡数量套用独立接地装置定额。利用基础钢筋作接地和接地极形成网系统的,应按接地网电阻测试以"系统"为单位计算。建筑物、构筑物、电杆等利用户外接地母线敷设(接地电阻值设计有要求的),应按各自的接地测试点(以断接卡为准)以"组"为单位计算。

b.避雷针接地电阻的测定。每一避雷针均有单独接地网(包括独立的避雷针、烟囱避雷针等)时,均按一组计算。

c.独立的接地装置按组计算。如一台柱上变压器有一个独立的接地装置,即按一组计算。

⑨避雷器、电容器的调试,按每三组为一组计算;每个装设的亦按一组计算,上述设备如设置在发电机、变压器、输配电线路的系统或回路内,仍应按相应定额另外计算调试费用。

⑩高压电器除尘系统调试,按一台升压变压器、一台机械整流器及附属设备为一个系统计算,分别按除尘器平方米范围执行定额。

⑪硅整流装置调试,按一套硅整流装置为一个系统计算。

⑫普通电动机的调试,分别按电机的控制方式、功率、电压等级,以"台"为计量单位。

⑬可控硅调速直流电动机调试以"系统"为计量单位,其调试内容包括可控硅整流装置系统和直流电动机控制回路系统两个部分的调试。

⑭交流变频调速电动机调试以"系统"为计量单位,其调试内容包括变频装置系统和交流电动机控制回路系统两个部分的调试。

⑮微型电动机系指功率在 0.75 kW 以下的电机,不分类别,一律执行微型电机调试定额,以"台"为计量单位。电机功率在 0.75 kW 以上的电机调试,应按电机类别和功率分别执行相应的调试定额。

⑯一般的住宅、学校、医院、办公楼、旅馆、商店、文体设施等民用电气工程的供电调试应按以下规定:

a.配电装置(室、所内)开闭锁柜中断路器出线至用户供电系统内带有调试元件的盘、箱、柜和带有调试元件的照明主配电箱,应按配电装置开闭锁柜中断路器出线回路系统,以一台断路器供配电回路系统计算,执行相应"送配电设备系统调试"定额。

b.每个用户房间的配电箱(板)上虽装有电磁开关等调试元件,但生产厂家已按固定的常规参数调整好,不需要安装单位进行调试就可直接投入使用,不能计取调试费。

c.民用电度表的调整检验属于供电部门的专业管理,一般皆由用户向供电局订购调试完毕的电度表,不得另外计算费用。

⑰高标准的高层建筑、高级宾馆、大会堂、体育馆等具有较高控制技术的电气工程(包括照明工程中有程控调光控制的装饰灯具),必须经过调试才能使用的,应按控制方式执行相应的电气调整定额。

⑱起重机电气调试按起重机型式,以"台"为计算单位。

⑲电梯电气调试应区别其运行速度、层/站数,以"部"为计量单位。

⑳电气工程调试定额计算时必须符合以下全部条件:

a.设计或规范要求,并有合同规定或签证;

b.施工单位必须具有相应实验机构及调试能力,并有调试仪器,仪表等手段;

c.编制调试技术方案,保护整定值的整定参数和填写实验报告。

㉑电气设备的专项调试范围及内容:

a.电力变压器的专项调试。

●变压比测试;

●三相变压器接线组别检查;

●单相变压器的极性检查;

●绝缘油的实验和化验;

●有载调压的切换装置的检查和试验;

●相位检查;

●检查变压器的控制保护回路的继电器、接触器、仪表及信号装置等元件,并进行保护整定和对控制系统做操作试验;

●冲击合闸试验;

●断路试验。

b.断路器的专项调试。

●测量断路器的分、合闸时间;

●测量断路器的分、合闸速度;

●测量断路器主触头分、合闸的同期性;

●测量真空断路器合闸时触头的弹跳时间;

●测量断路器合闸电阻的投入时间及电阻值;

●断路器电容器试验;

●断路器操做机构试验;

●压力表及压力动作阀的校验;

●检查断路器的控制保护回路继电器、接触器、仪表及信号装置等设备元件和线路的正确性和动作协调性是否符合设计要求,并进行保护整定和控制系统的操作试验。

c.电机的专项调试。

●测量轴承绝缘和转子进入支座的绝缘电阻;

●测量启动电阻、灭磁电阻的绝缘电阻和直流电阻;

●空载特性曲线试验;

●断路特性曲线试验;

●测量相序;

●检查电机控制保护回路的继电器、接触器、信号装置及线路等设备元件的正确性及动作协调,应按控制原理系统图进行校接线和控制系统的操作试验及有关调试参数的整定等工作。

d.避雷器的专项调试。

●测量避雷器的工频放电电压;

●检查放电记数器动作情况及避雷器基座绝缘;

●测量磁吹避雷器的交流电导电流;

●测量金属氧化物避雷器的持续电流和工频参考电压。

e.其他电气设备:其调试项目内容局部含在以上电气设备的调试范围之内。

3.15 工程量计算分析案例

1)工程概述

某花园住宅楼 A-1 栋电气照明工程,该住宅楼建筑面积 6 750 m²,该楼共 3 个单元。每层 2 户,结构对称,该住宅楼共 36 户。该楼共 6 层,每层层高 3 m,墙体为 240 砖墙,楼板为预制钢筋混凝土预应力空心板,屋盖为钢筋混凝土平屋面。该楼电源由附近低压配电房引入,电源采用 YJV-4×35+1×26-PVC40 埋地暗敷到一单元底楼配电箱,后分至二、三单元。图 3.50 为该住宅电气照明平面图,图 3.51 为住宅电气照明系统图。

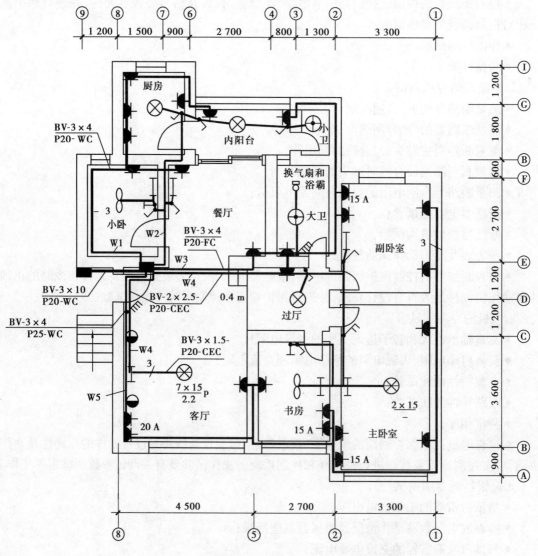

图 3.50 某花园 A-1 住宅楼电气照明平面布置图

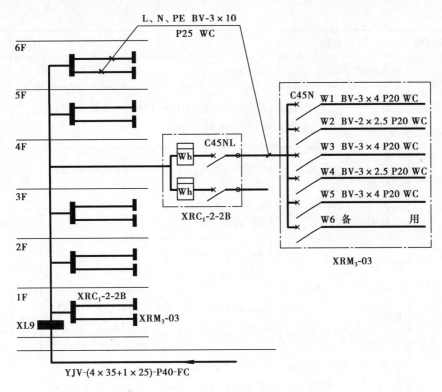

图 3.51　某花园 A-1 住宅楼电气照明系统图

2)安装要求说明

①总配电箱 XL9(1 165×1 065×200),楼层电表箱 XRC1(420×320×200),住户配电箱 XRM3(320×180×200),安装高度距地 1.8 m。

②插座距地 0.3 m,开关距地 1.3 m,厨房、卫生间插座距地 1.3 m,冰箱、洗衣机插座高度 1.3 m,楼梯间声控开关高度距地 2.2 m。

③荧光灯高度 2.0 m,壁灯 2.2 m,抽油烟机 1.8 m,轴流排气扇 2.3 m。

④本工程配管配线要求全部沿墙、沿地暗敷。

3)工程量计算表

住宅楼一单元电气配管、配线工程量计算见表 3.30。

表 3.30　住宅楼一单元电气配管配线工程量计算表

序号	计算部位	项目名称	计算式	单位	工程量
1	进户电缆	电缆 YJV-4×35+1×25	暂计 81 m(依据图纸说明暂定)	m	81.0
		电缆保护管 PVC40	1.8+0.3+0.9+2×1.2+3.6+0.9+1+0.15 = 11.05	m	11.5
		电缆头	干包式电缆头	个	6.0

续表

序号	计算部位	项目名称	计算式	单位	工程量
2	总箱到层箱	电气配管,PVC40	5×3＝15	m	15.0
		管内穿线,BV-25	[管长15+预留(1.165+1.065)+(0.42+0.32)×10]×4＝98.52	m	98.52
		管内穿线,BV-16	[管长15+预留(1.165+1.065)+(0.42+0.32)×10]×1＝24.63	m	24.63
		压接铜接线端子	5根×12处＝60	个	60.0
3	层箱到户箱	PVC25	1.2+1.5/2＝1.95 1.95×2户×6层＝23.40	m	23.40
		BV-10	[23.4×+预留(0.42+0.32)×6+(0.32+0.18)×12]×3＝101.40	m	101.4
4	W1回路	插座回路,从户箱起沿E、9、B、I、6等轴线,PVC20	垂上(3-1.8)+水平1.5/2+1.2+2.7+0.6+1.5+0.9/2+1.8+1.2+1.5+0.9+1.2+0.3+垂下(3-1.3)×2+(3-1.8)＝25.30	m	25.3
		接线盒	插座盒7个,分线盒3个	个	10.0
		BV-3×4	[25.3+(0.32+0.18)]×3＝77.10	m	77.1
5	W2回路	照明回路,从户箱起沿E、7、B、6、阳台至小卫,PVC20	垂上(3-1.8)+水平+1.5/2+2.7+0.6+0.9/2+1.8+(1.5+0.9)/2+2.7+0.8+1.3/2+(1.2+1.5)/2+垂下(3-1.5)×5＝26.75	m	26.75
		接线盒	开关盒6个,灯头盒6个,分线盒4个	个	16.0
		BV-2×2.5	[管长26.75+预留(0.32+0.18)]×2＝54.5	m	54.5
6	W3回路	插座回路,从户箱起经E、大卫、2、G等轴线至阳台插座PVC20	垂上(3-1.8)+水平1.5/2+0.9+2.7+0.8+1.3+2.7+0.6+1.8+1.3+0.5+2.7+垂下(3-0.3)×2+(3-1.3)+(3-0.3)×2＝27.75	m	27.75
		接线盒	插座盒6个,浴霸接线盒2个,分线盒3个	个	11.0
		BV-3×4	[管长27.75+预留(0.32+0.18)]×3＝84.75	m	84.75

序号	计算部位	项目名称	计算式	单位	工程量
7	W4回路	照明回路,从户箱起经客厅灯、E、2 纸副卧、主卧,PVC20	垂上(3−1.8)+水平 1.5/2+0.9+2.7+0.8+1.3+2.7/2+1.2+1.2+3.6/2+(3.6+1.2+1.2)/2+4+(3−2)2+4.4/2 垂下(3−1.3)×5+(3−2)×2=30.10	m	30.1
		接线盒	开关盒 5 个,灯头盒 10 个,分线盒 5 个	个	20
		BV-2×2.5	[管长 30.1+预留(0.32+0.18)]×2=61.2	m	61.2
8	W5回路	插座回路,从户箱起经 E、8、B、A、I 至副卧插座止 PVC20	垂上(3−1.8)+水平 1.5/2+1.2+1.2+3.6+4.5+3.6/2+2.7+0.8+0.9+3.3+0.9+3.6+1.2×2+(2.7−1)+垂下(3−0.3)×1=33.25	m	33.25
		接线盒	插座盒 12 个,分线盒 2 个	个	14.0
		BV-3×4	[管长 33.25+预留(0.32+0.18)]×3=101.25	m	101.25
9	路灯	楼梯间照明从层箱至楼梯平台吸顶等,声控	垂上(3−1.8)+水平 1.2×2+(1.2+3.6+1.2/2)+(5×3×2)+(3−2.2)2+1.2×6×2=55.0	m	55.0
		接线盒	灯头盒 12 个,开关盒 12 个,分线盒 10 个	个	34.0
		BV-2×2.5	[管长 55+预留(0.32+0.18)]×2=111	m	111.0

表 3.30 为照明管线的统计细节过程,是按配电箱及配电线出线回路进行统计的。在实际工程量计算中,根据工程实际情况以及每个人的习惯,还可以按部位、按功能等进行管线统计计算。

4)材料汇总计算表

材料汇总计算表见表 3.31。

表 3.31　材料汇总表

序号	名　称	型号规格	工程量计算式	单位	工程量
1	配电箱	XL9	1×3=3	台	3
2	电表箱	XRC1	3×6=18	台	18
3	住户控制箱	XRM3	3×6×2=36	台	36
4	进户电缆	YJV-4×35+1×26	81.0	m	81.1
		电缆保护管 PVC50	11.5	m	11.5
		电缆头	6.0	个	6

续表

序号	名 称	型号规格	工程量计算式	单位	工程量
5	总箱到层箱	电气配管,PVC40	15.0×3(单元)= 45.0	m	45.0
		管内穿线,BV-25	98.52×3(单元)= 295.56	m	295.56
		管内穿线,BV-16	24.63×3(单元)= 73.89	m	73.89
6	层箱到户箱	PVC25	23.40×3(单元)= 70.2	m	70.2
		BV-10	101.4×3(单元)= 304.2	m	304.2
7	3个单元路灯	PVC20	55.0×3(单元)= 165	m	
		BV-2.5	111×3(单元)= 333	m	
		接线盒	34×3(单元)= 102	个	
	1户的管线	PVC20	(W1)25.3+(W2)26.75+(W3)27.75+((W4)30.10+(W5)33.25)= 91.1	m	
		BV-4	(W1)77.10+(W3)84.75+(W5)101.25 = 263.1	m	
		BV-2.5	(W2)54.5+(W4)61.2 = 115.7	m	
		接线盒	10+16+11+20+14 = 71	个	
	36户的管线	PVC20	91.1×36 = 3 279.6	m	
		BV-4	263.1×36 = 9 471.6	m	
		BV-2.5	115.25×36 = 4 149	m	
		接线盒	71×36 = 2 556	个	
	汇总	PVC20	3 279.6+165 = 3 444.6	m	3 444.6
		BV-4	9 471.6	m	9 471.6
		BV-2.5	4 149+333 = 4 482	m	4 482
		接线盒	2 556+102 = 2 658	个	2 658

在统计好工程各种材料的基础上,才能更好地进行工程量清单编制等内容。

3.16 电梯电气装置安装

电梯安装在2013计价规范《通用安装工程计量规范》(电气设备安装工程)附录A.7中,分电梯为交流电梯、直流电梯、小型杂货梯、观光梯、自动扶梯、自动步行道、轮椅升降台共7种,项目编码为030107001×××~030107007×××,计量单位为"部""台",按设计图示数量计算。

电梯安装工程内容包括本体安装及电梯电气安装、调试,辅助项目安装,单机试运转及调试等。

3.16.1 定额说明

《全国统一安装工程预算定额》第二册定额中电梯电气安装工程适用于国产的各种客、货和杂物电梯的电气装置安装,但不包括自动扶梯和观光电梯安装。电梯安装的楼层高度,是按平均层高 4 m(包括上、下缓冲),每层一个厅门、一个轿厢门考虑的。如平均层高超过 4 m 时,其超过部分可另按提升高度定额(即"2-1861"号子项)计算。增或减厅门、轿厢门时按定额编号 2-1858~2-1860 子项计算。

两部或两部以上并行或群控电梯,按相应的定额项目分别乘以系数 1.2 计算。

电梯电气安装工程定额是以室内地坪±0.000 首层为基站,±0.000 以下为地坑(下缓冲)考虑的,如遇有"区间电梯"下缓冲地坑设在中间层时("基站"不在首层),则基站以下部分楼层的垂直搬运应另行计算。

电梯安装材料、电线管及线槽、金属软管、管子配件、紧固件、电缆、电线、接线箱(盒)、荧光灯及其他附件、设备等,均按设备带有考虑。

《全国统一安装工程预算定额》第二册中的"电梯电气装置"安装范围,因电梯类型不同而不同,但一般来说,主要包括:控制屏、继电器屏、可控硅励磁屏、选层器、楼层指示器、硅整流器、极限开关、厅外指层灯箱、按钮箱、厅门联锁开关、上下限位开关、断带开关、自动选层开关、平层感应铁;轿内操纵盘、指层灯箱、电风扇、灯具、安全窗开关、端站开关、平层器、开关门行程开关、轿门联锁开关、安全钳开关、超载显示器、电阻箱、限位开关碰铁等。上述各种器件一般都随同电梯机体配套供货,不需另行计价。当电梯安装说明书或样本注明不包括某种器件时,可另行计算。各种类型电梯安装内容中所指的"电气设备安装",系指上述各种器件的安装,因此,"电梯电气装置"安装,按照《全国统一安装工程预算定额》第二册第十四章所编列的不同电梯的类型分别以"部"为单位计算即可。电梯机件本身安装,按照《全国统一安装工程预算定额》第一册(机械设备安装工程)的相应项目执行。

3.16.2 工程量计算规则

①交流手柄操纵或按钮控制(半自动)电梯、交流信号或集选控制(自动)电梯、直流快速自动电梯、直流高速自动电梯、小型杂物电梯、电厂专用电梯电气安装,均以"部"为单位计算安装工程量。其内容包括:开箱、检查、清点,电气设备安装,管线敷设、挂电缆、接线、接地、摇测绝缘。编制预算套用定额时,除"电厂专用电梯电气安装"按配合锅炉容量(t/h)分别选套子母外,其余各种电梯电气安装均区分电梯层数和站数套用。

②小型杂物电梯是以载重量在 200 kg 以内,轿厢内不载人为准。载重量大于 200 kg 的轿厢内有司机操作的杂物电梯,执行客货电梯的相应项目。

③交、直流(自动、半自动)电梯,小型杂物电梯,增加厅门、自动轿厢门以及提升高度的工程量,均按"个""m"为单位计算。工作内容包括:配管接线、装指层灯、召唤按钮、门锁开关等。

④电梯电气安装定额不包括下列各项工作:

a.电源线路及控制开关的安装;

b.电动发电机组的安装；

c.基础型钢和钢支架制作；

d.接地极与接地干线敷设；

e.电气调试；

f.电梯的喷漆；

g.轿厢内的空调、冷热风机、闭路电视、步话机、音响设备；

h.群控集中监视系统以及模拟装置。

3.16.3 工程量计算举例

【例】 设某市高新经济开发 E 区某商贸大厦办公楼 25 层,其中地下室一层,层高为 3.6 m,安装交流自选控制客梯 3 部,起重量为 2.5 t,所有电气装置均随电梯机体配套供应。采用《××省安装工程消耗量定额》第二册(电气设备安装工程)和该省定额单位估价表(2006 年版)编制预算,试计算电梯电气装置安装费用为多少?

【解】 根据已知条件,应套用定额编号 2-1778 号,即:

安装费用 = 17 545.64×3 = 52 636.92 元

其中　　人工费 = 14 357.34×3 = 43 072.02 元

材料费 = 1 584.90×3 = 4 754.70 元

机械费 = 1 603.40×3 = 4 810.20 元

复习思考题 3

1.变配电工程图有哪些?

2.电力变压器的安装工艺流程是什么?

3.变压器安装的清单项目设置、项目名称及项目特征描述、计量单位、计算规则有哪些?

4.配电装置安装的清单项目设置、项目名称及项目特征描述、计量单位、计算规则有哪些?

5.母线安装的工程量清单项目设置、项目名称及项目特征描述、计量单位、计算规则有哪些?

6.带型母线的工程量计算公式?

7.控制设备及低压电器安装的清单项目设置、项目名称及项目特征描述、计量单位、计算规则有哪些?

8.蓄电池安装的清单项目设置、项目名称及项目特征描述、计量单位、计算规则有哪些?

9.电机安装的清单项目设置、项目名称及项目特征描述、计量单位、计算规则有哪些?

10.滑触线施工安装的方法和步骤有哪些?

11.滑触线装置安装的清单项目设置、项目名称及项目特征描述、计量单位、计算规则有哪些?

12.滑触线的工程量计算公式是什么?

13.电缆的敷设方式有哪些? 各种敷设方式的基本要求有哪些?

14.电缆安装的的清单项目设置、项目名称及项目特征描述、计量单位、计算规则有哪些?

15.电缆长度的工程量计算公式？

16.电缆埋地敷设其土方量如何计算？

17.防雷接地系统工程图包含哪些图？有哪些设备？

18 防雷接地工程安装的清单项目设置、项目名称及项目特征描述、计量单位、计算规则有哪些？

19.避雷带、接地线的工程量计算公式是什么？

20.10 kV 以下架空配电线路安装的清单项目设置、项目名称及项目特征描述、计量单位、计算规则有哪些？

21.10 kV 以下架空配电线路安装的工地运输工程量如何计算？

22.10 kV 以下架空配电线路的长度如何计算？

23.配电线路的敷设方式有哪些？

24.室内配线的一般施工工序有哪些？

25.配管配线工程的清单项目设置、项目名称及项目特征描述、计量单位、计算规则有哪些？

26.电气配管的工程量如何计算？

27.电气配线的的工程量计算公式？

28.照明灯具的类型有哪些？

29.照明器具安装的的清单项目设置、项目名称及项目特征描述、计量单位、计算规则有哪些？

30.在 2013 计价规范《通用安装工程计量规范》(电气设备安装工程)中附属工程的工程项目设置、项目特征描述、计量单位及计算规则有哪些？

31.电气调整试验包括哪些内容？

32.电气调整试验的的清单项目设置、项目名称及项目特征描述、计量单位、计算规则有哪些？

33.电梯安装在 2013 计价规范《通用安装工程计量规范》中的清单项目设置、项目名称及项目特征描述、计量单位、计算规则有哪些？

4 建筑智能化工程及工程量计算

建筑智能化工程之前称为建筑弱电工程,主要包括火灾及自动报警系统、电话系统、有线电视系统、安防系统、综合布线系统等。

智能建筑工程与建筑电气安装工程一样,必须在熟悉工程设计图纸以及国家相应的规范要求之后,才能进行项目设置和工程量计算。

在2013计价规范《通用安装工程计量规范》的附录中,建筑智能化工程紧挨电气设备安装工程(强电),属附录E,具体包括计算机应用、网络系统工程E.1,综合布线系统工程E.2,建筑设备自动化系统工程E.3,建筑信息综合管理系统工程E.4,有限电视、卫星接收系统工程E.5,音频、视频系统工程E.6,安全防范系统工程E.7。

火灾及自动报警系统工程在2013计价规范《通用安装工程计量规范》的附录I消防工程中,火灾及自动报警系统工程工程量清单项目设置、项目特征描述的内容、计量单位及工程量计算规则执行I.4中的规定。

通信设备及线路工程在2013计价规范《通用安装工程计量规范》附录K中。

根据《智能建筑设计标准》(GB/T 50314—2006),智能建筑是以建筑物为平台,兼备信息设施系统、信息化应用系统、建筑设备管理系统、公共安全系统等,集结构、系统、服务、管理及其优化组合为一体,向人们提供安全、高效、便捷、节能、环保、健康的建筑环境。

智能建筑工程施工图的内容与建筑电气工程施工图基本相同,其阅读方法也是一样的。熟悉智能建筑工程各系统图的内容尤为重要,系统图全面反映整个系统的组成及各个设备之间的连接关系;平面图反映设备安装的具体位置,连接管线的敷设方式、部位、路径等;施工图是设置清单项目和工程量计算的依据。

4.1 计算机网络系统设备安装工程

计算机网络系统设备安装工程,其工程量清单项目设置及工程量计算规则应按2013计价规范《通用安装工程计量规范》的附录E.1中的规定执行。

①输入设备:编码030501001×××,计量单位"台"。

②输出设备:编码030501002×××,计量单位"台"。

③控制设备:编码030501003×××,计量单位"台"。

④存储设备:编码030501004×××,计量单位"台"。

⑤插箱、机柜:编码030501005×××,计量单位"台"。

⑥互联电缆:编码030501006×××,计量单位"条"。

⑦接口卡:编码030501007×××,计量单位"台、套"。

⑧集线器:编码030501008×××,计量单位"台、套"。

⑨路由器:编码030501009×××,计量单位"台、套"。

⑩收发器:编码030501010×××,计量单位"台、套"。

⑪防火墙:编码030501011×××,计量单位"台、套"。

⑫交换机:编码030501012×××,计量单位"台、套"。

⑬网络服务器:编码030501013×××,计量单位"台、套"。

⑭计算机应用、网络系统接地:编码030501014×××,计量单位"系统"。

⑮计算机应用、网络系统联调:编码030501015×××,计量单位"系统"。

⑯计算机应用、网络系统试运行:编码030501016×××,计量单位"系统"。

⑰软件:编码030501017×××,计量单位"套"。

4.2　综合布线系统工程

· 4.2.1　概述 ·

建筑物的综合布线系统(PDS),又称结构化布线系统(SCS),是一种高度灵活、模块化的智能建筑布线网格。它主要作为建筑物的共用通信配套设施,用于建筑物和建筑群内语音、数据、图像信号的传输。综合布线具有兼容性、开放性、灵活性、模块化、扩充性、经济性等特点,如图4.1所示。

1)传输媒介

综合布线系统常用的传输媒介有双绞线和光缆。

(1)双绞线

双绞线是由两根绝缘导线按一定的节距相互扭绞而成。按其有无外包覆层分为非屏蔽双绞线(UTP)和屏蔽双绞线(STP)。双绞线按其电气特性的不同有下列8类:

①一类线。主要用于传输语音(20世纪80年代初之前的电话线缆),不同于数据传输。

②二类线。传输频率1 MHz,用于语音传输和最高传输速率4 Mbit/s的数据传输。

③三类线。指目前在ANSI和EIA/TIA568标准中指定的电缆,该电缆的传输速率16 MHz,用于语音传输及最高传输速率为10 Mbit/s的数据传输,主要用于10BASE-T。

④四类线。该类电缆的传输频率为20 MHz,用于语音传输及最高传输速率为16 Mbit/s的数据传输,主要用于基于令牌的局域网和10BASE-T/100 BASE-T。

⑤五类线。该类电缆增加绕线密度,外套一种高质量的绝缘材料,传输频率为100 MHz,用于语音传输及最高传输速率为10 Mbit/s的数据传输,主要用于10BASE-T/100 BASE-T网络。

⑥超五类线。超五类线具有衰减小、串扰少、信噪比高、更小的延时误差,性能得到很大提高,主要用于以太网(100 Mbit/s)。

⑦六类线。该类电缆的传输频率为1~250 MHz,它的传输性能远远高于超五类标准,最适用于传输速率高于1 Gbit/s的数据传输。

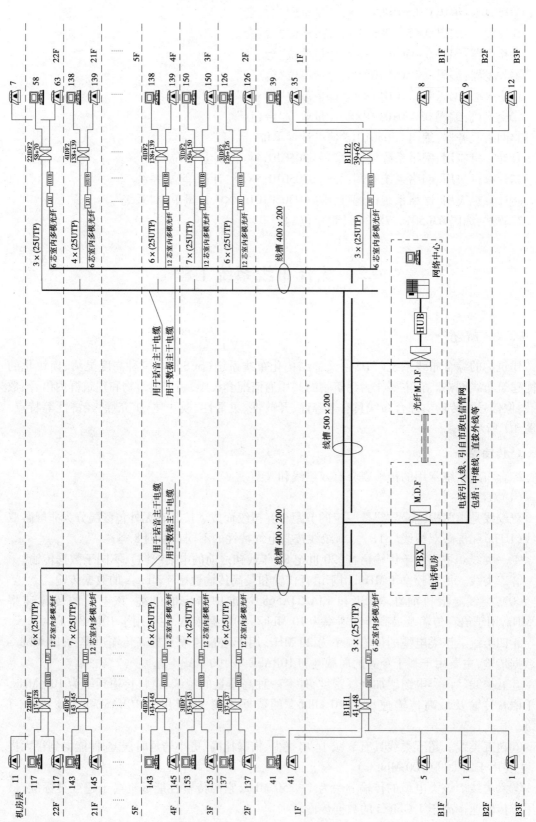

图 4.1　综合布线系统图

⑧七类线。七类线是一种 8 芯屏蔽线,每对都有一个屏蔽层(一般为金属箔屏蔽),然后 8 芯外还有一个屏蔽层(一般为金属编织丝网屏蔽),称独立屏蔽双绞线。它适用于高速网络的应用,提供高度保密传输,支持未来的新型应用,有助于统一当前网络应用的布线平台,使得从电子邮件到多媒体视频的各种信息都可以在同一套高速系统中传输。

(2)光纤

光纤即光缆,是光导纤维的简称。光纤一般分为单模光纤和多模光纤。纤芯的直径只有传递光波波长几十倍的是单模光纤,特点是芯径小、包皮厚;当纤芯的直径比光波波长大几百倍时,就是多模光纤,特点是芯径大、包皮薄,传输损耗比单模光纤大。单模光纤传输的单一模式,具有频带宽、容量大、损耗低等优点,故宜作长距离传输,但芯线较细,连接工艺要求高,价格也贵;而多模光纤芯线较粗,连接容易,价格也便宜。

2)信息插座

综合布线系统可采用不同类型的信息插座和插头的接插软线。这些信息插座和带有插头的接插软线相互兼容。信息插座类型多种多样,3 类信息插座模块支持 16 Mbit/s 信息传输,适合语音应用;5 类信息插座模块支持 155 Mbit/s 信息传输,适合语音、数据、视频应用;还有超 5 类信息插座模块、千兆位信息插座模块、光纤插座模块等。目前使用普遍的是 8 针模块化信息插座(RJ45)。8 针模块化信息插座是所有的综合布线推荐的模块化信息插座,它的 8 针结构为单一的信息插座配置提供了支持数据、语音、图像或三者的组合所需的灵活性。

3)光纤连接件——ST 连接器

综合布线系统中常用的单光纤连接器是 ST 连接器,它分陶瓷和塑料两种。陶瓷头连接器可以保证每个连接点的损耗只有 0.4 dB 左右,而塑料头连接点的损耗在 0.5 dB 以上。因此,塑料头型号的连接器主要用于连接次数不多,而且允许损耗较大的场合。

4)配线架

综合布线系统一般在每层都设有一个楼层配线架,配线架上放置各种模块宜连接主干电缆和配线电缆。

配线架分楼层配线架(FD)、大楼配线架(BD)、群楼配线架(CD)。它们通过电缆连接各子系统,是实现综合布线灵活性的关键。

5)缆线敷设

(1)缆线敷设

缆线敷设一般应满足下列要求:

①缆线的型式、规格应与设计要求相符。

②缆线在各种环境中的敷设方式、布放间距均应符合设计要求。

③缆线的布放应自然、平直,不得产生扭绞、打圈、接头等现象,不应受到外力的挤压和损伤。

④缆线两端应贴有标签,应标明编号,标签书写应清晰、端正和正确。标签应选用不易损坏的材料。

⑤缆线应有余量以适应终接检测和变更。电信间对绞电缆预留长度宜为 0.5~2 m;设备间对绞电缆预留长度宜为 3~5 m,工作区宜为 30~60 mm;光缆布放宜盘留,预留长度宜为 3~5 m,有特殊要求的应按设计要求预留长度。

⑥缆线的弯曲半径应符合下列规定：

a.非屏蔽 4 对对绞电缆的弯曲半径应至少为电缆外径的 4 倍；

b.屏蔽 4 对对绞电缆的弯曲半径应至少为电缆外径的 8 倍；

c.主干对绞电缆的弯曲半径应至少为电缆外径的 10 倍；

d.2 芯或 4 芯水平光缆的弯曲半径应大于 25 mm；其他芯数的水平光缆、主干光缆和室外光缆的弯曲半径至少为光缆外径的 10 倍。

⑦缆线间的最小净距应符合设计规范要求。

⑧屏蔽电缆的屏蔽层端到端应保持完好的导通性。

（2）预埋线槽和暗管敷设缆线

预埋线槽和暗管敷设缆线应符合下列规定：

①敷设线槽和暗管的两端宜用标志表示出编号等内容。

②预埋线槽宜采用金属线槽，预埋或密封线槽的截面利用率应为 30%～50%。

③敷设暗管宜采用钢管或阻燃聚氯乙烯硬质管。布放大对数主干电缆及 4 芯以上光缆时，直线管的管径利用率为 50%～60%，弯管道应为 40%～50%。暗管布放 4 对对绞电缆或 4 芯及以下光缆时，管道的截面利用率应为 25%～30%。

（3）设置缆线桥架和线槽敷设缆线

设置缆线桥架和线槽敷设缆线应符合下列规定：

①密封线槽内缆线布放应顺直，尽量不交叉，在缆线进出线槽部位、拐弯处应绑扎固定。

②缆线桥架内缆线垂直敷设时，在缆线的上端和每隔 1.5 m 处应固定在桥架的支架上；水平敷设时，在缆线的首、尾、拐弯及每间隔 5～10 m 处进行固定。

③在水平、垂直桥架中敷设缆线时，应对缆线进行绑扎。对绞电缆、光缆及其他信号电缆应根据缆线的类别、数量、缆径、缆线芯数分束绑扎。绑扎间距不宜大于 1.5 m，间距应均匀，不宜绑扎过紧或使缆线受到挤压。

④楼内光纤在桥架敞开敷设时应绑扎固定段加装垫套。

（4）采用吊顶支撑柱

作为线槽在顶棚内敷设缆线时，每根支撑柱所辖范围内的缆线可以不设置密封线槽进行布放，但应分束绑扎，缆线应阻燃，选用缆线应符合设计规范要求。

（5）建筑群子系统

采用架空、管道、直埋、墙壁及暗管敷设电缆、光缆的施工技术要求应按照本地网通信线路工程验收的相关规定执行。

6）工程清单项目设置及工程计算规则

建筑与建筑群综合布线其工程量清单项目设置及工程量计算规则应按 2013 计价规范《通用安装工程计量规范》附录 E.2 中的规定执行。

①机柜、机架：编码 030502001×××，计量单位"台"。

②抗震底座：编码 030502002×××，计量单位"台"。

③分线接线箱（盒）：编码 030502003×××，计量单位"个"。

④电视、电话插座：编码 030502004×××，计量单位"个"。

⑤双绞线缆：编码 030502005×××，计量单位"m"。

⑥大对数电缆：编码 030502006×××，计量单位"m"。

⑦光缆:编码030502007×××,计量单位"m"。

⑧光纤束、光缆外护套:编码030502008×××,计量单位"m"。

⑨跳线:编码030502009×××,计量单位"条"。

⑩配线架:编码030502010×××,计量单位"个""块"。

⑪跳线架:编码030502011×××,计量单位"个""块"。

⑫信息插座:编码030502012×××,计量单位"个""块"。

⑬光纤盒:编码030502013×××,计量单位"个""块"。

⑭光纤连接:编码030502014×××,计量单位"芯""端口"。

⑮光缆终端盒:编码030502015×××,计量单位"个"。

⑯布放尾纤:编码030502016×××,计量单位"根"。

⑰线管理器:编码030502017×××,计量单位"个"。

⑱跳块:编码030502018×××,计量单位"个"。

⑲双绞线缆测试:编码030502019×××,计量单位"链路""点""芯"。

⑳光纤测试:编码030502020×××,计量单位"链路""点""芯"。

4.3 建筑设备自动化系统工程

1)概述

建筑设备自动化系统(Building Automation System,简称 BAS),是将建筑物或建筑群内的通风与空调、变配电、照明、给排水、热源与热交换、冷冻与冷却、电梯和自动扶梯等系统,以集中监视、控制和管理为目的,构成建筑设备自动化系统。

2)系统工程安装

建筑设备自动化系统工程的施工安装有以下 3 部分:

(1)现场设备安装

现场需要安装的设备有传感器、执行器和被控设备等。

传感器包括温度、湿度、压力、压差、流量、液位传感器等。施工时要与相关专业配合,如在管道、设备上开孔,在设备内安装。设备安装完成后要注意保护。

执行器包括各种风门、阀门驱动器。执行器安装在管道阀门、风道风门处,通过执行器实现对风门、阀门开度的调节。

被控设备为电动阀、电磁阀、电动风阀、水泵、风机等机电设备。被控设备或被控设备的控制配电箱、动力箱与现场直接数字控制器连接,实现设备状态的检测和启动/停止的控制。

(2)现场直接数字控制器(DDC)安装

DDC 通常安装在被控设备机房中(如冷冻站、热交换站、水泵房、空调机房等)。

(3)线路敷设

所有现场设备通过线缆与 DDC 相连,现场传感器输入信号与 DDC 之间的连接线缆可采用 2 芯或 3 芯,截面积大于 0.75 mm² 的 RVVP 或 RVV 屏蔽或非屏蔽铜芯聚氯乙烯绝缘、聚氯乙烯护套圆形连接软电缆。

DDC 与现场执行机构之间的连接线缆可采用 2 芯或 3 芯,截面积大于 0.75 mm^2 的 RVVP 或 RVV 的软电缆,进出 DDC 线缆应采用金属管、金属线槽保护。

工程施工安装依据设计文件和现行国家标准《智能建筑工程质量验收规范》(GB 50339—2003)、《建筑电气工程质量验收规范》(GB 50303—2002)的相关规定。

3)清单项目设置

建筑设备自动化系统工程其工程量清单项目设置及工程量计算规则应按 2013 计价规范《通用安装工程计量规范》附录 E.3 中的规定执行。

①中央管理系统:编码 030503001×××,计量单位"系统""套"。

②通信网路控制设备:编码 030503002×××,计量单位"台""套"。

③控制器:编码 030503003×××,计量单位"系统""套"。

④控制箱:编码 030503004×××,计量单位"系统""套"。

⑤第三方通信设备接口:编码 030503005×××,计量单位"系统""套"。

⑥传感器:编码 030503006×××,计量单位"支""台"。

⑦电动调节阀执行机构:编码 030503007×××,计量单位"支""台"。

⑧电动、电磁阀门:编码 030503008×××,计量单位"个"。

⑨建筑设备自控化系统调试:编码 030503009×××,计量单位"台""户"。

⑩建筑设备自控化系统试运行:编码 030503010×××,计量单位"系统"。

4.4 建筑信息综合管理系统工程

建筑信息综合管理系统工程其工程量清单项目设置及工程量计算规则应按 2013 计价规范《通用安装工程计量规范》附录 E.4 中的规定执行。

①服务器:编码 030504001×××,计量单位"台"。

②服务器显示设备:编码 030504002×××,计量单位"台"。

③通信接口输入输出设备:编码 030504003×××,计量单位"个"。

④系统软件:编码 030504004×××,计量单位"套"。

⑤基础应用软件:编码 030504005×××,计量单位"套"。

⑥应用软件接口:编码 030504006×××,计量单位"项""点"。

⑦应用软件二次:编码 030504007×××,计量单位"项""点"。

⑧各系统联动:编码 030504008×××,计量单位"套"。

4.5 有线电视、卫星接收系统工程

1)系统概述

有线电视系统主要由信号源接收系统(天线)、前端系统、干线传输系统和用户分配网络组成,如图 4.2 所示。

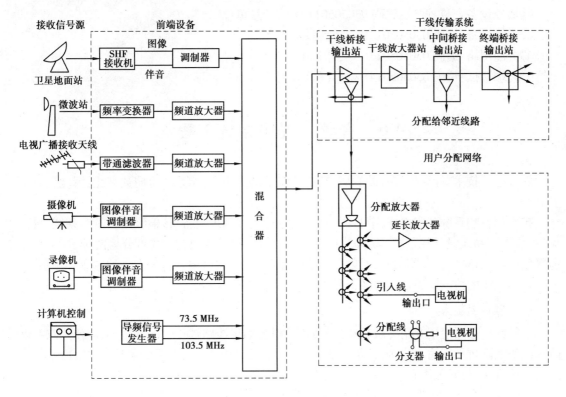

图 4.2 有线电视系统的基本组成

①接收天线。接收天线是为获得地面无线电视信号、调频广播信号、微波传输电视信号、卫星电视信号而设立的。

②前端系统。主要包括天线放大器、混合器和干线放大器等。

③传输分配网络。主要包括分配器、线路放大器、分支器和传输电缆等。

有线电视采用同轴电缆、光缆或其组合作为传输介质,传输图像信号、声音信号和控制信号,故称有线电视或电缆电视。

2)工程清单项目设置及工程计算规则

有线电视、卫星接收系统工程其工程量清单项目设置及工程量计算规则应按 2013 计价规范《通用安装工程计量规范》附录 E.5 中的规定执行。

①共用天线:编码 030505001×××,计量单位"副"。

②卫星电视天线、馈线系统:编码 030505002×××,计量单位"副"。

③前端机柜:编码 030505003×××,计量单位"个"。

④电视墙:编码 030505004×××,计量单位"套"。

⑤敷设射频同轴电缆:编码 030505005×××,计量单位"m"。

⑥同轴电缆接头:编码 030505006×××,计量单位"个"。

⑦前端射频设备:编码 030505007×××,计量单位"套"。

⑧卫星地面站接收设备:编码 030505008×××,计量单位"台"。

⑨光端设备安装、调试:编码 030505009×××,计量单位"台"。

⑩有线电视系统管理设备:编码 030505010×××,计量单位"台"。

⑪播控设备安装、调试:编码030505011×××,计量单位"台"。

⑫干线设备:编码030505012×××,计量单位"个"。

⑬分配网络:编码030505013×××,计量单位"个"。

⑭终端调试:编码030505014×××,计量单位"个"。

4.6 音频、视频系统工程

随着电子技术、计算机技术的发展,智能建筑中的扩声、音响系统也向数字化、智能化方向发展。

扩声和音响系统基本组成:节目源设备、信号放大和处理设备、传输线路和扬声系统,具体见《厅堂扩声系统设计规范》(GB 50371—2006)。按音响设备构成方式可分为两种,一种是以前置放大器(或 AV 放大器)为中心的广播音响系统,一种是以调音台为中心的专业音响系统。

扩声系统的馈电线路包括音频信号输入、功率输出传送和电源供电三部分。

1)音频信号输入

话筒输出必须使用专用屏蔽软线与调音台连接,如果线路较长(10~50 m),应使用双芯屏蔽软线作低阻抗平衡输入连接;长距离的话筒线(超过50 m)必须采用低阻抗(200 Ω)平衡传送的连接方法,最好采用有色标的4芯屏蔽线,对角线对接穿钢管敷设。

调音台及全部周边设备之间的连接均需采用单芯(不平衡)或双芯(平衡)屏蔽软线连接。

2)功率输出的馈线

功率输出的馈线指功放输出至扬声器箱之间的连接电缆。

厅堂、舞厅和其他室内扩声系统均采用低阻抗(8 Ω,有时也用4 Ω或16 Ω)输出,一般采用截面积为2~6 mm² 的软发烧线穿管敷设。发烧线的截面积取决于传输功率的大小和扬声器的阻尼特性要求。

宾馆客房多套节目的广播线应以每套节目敷设一对馈线,而不能共用一根公共地线,以免节目信号间干扰。

室外扩声、体育场扩声、大楼背景音乐和宾馆客房广播等由于场地大,扬声器箱的馈电线路长,为减少线路损耗通常不采用低阻抗连接,而使用高阻抗定电压传输(70 V 或 100 V)音频线路,从功放输出端至最远扬声器负载的线路损耗一般小于0.5 dB。馈线多采用穿管的双芯聚氯乙烯绝缘多股软线。

3)电源供电

扩声系统的供电电源与其他用电设备相比,用电量不大,但最怕被干扰。为尽量避免灯光、空调、水泵、电梯等用电设备的干扰,常使用变比1∶1的隔离变压器。总容量小于10 kVA时可使用220 V 单相电源供电,用电量超过10 kVA 时,功率放大器应使用三相电源。如果电源电压变化大,还可使用自动稳压器。

4)线路敷设

线路敷设应采用导线穿钢管敷设,其敷设要求应符合现行国家标准《建筑电气工程施工质量验收规范》(GB 50303—2002)。

5）工程清单项目设置及工程计算规则

音频、视频系统工程其工程量清单项目设置及工程量计算规则应按 2013 计价规范《通用安装工程计量规范》附录 E.6 中的规定执行。

①扩声系统设备：编码 030506001×××，计量单位"台"。

②扩声系统调试：编码 030506002×××，计量单位"只""副""台""系统"。

③扩声系统试运行：编码 030506003×××，计量单位"系统"。

④背景音乐系统设备：编码 030506004×××，计量单位"台"。

⑤背景音乐系统调试：编码 030506005×××，计量单位"台""系统"。

⑥背景音乐系统试运行：编码 030506006×××，计量单位"台"。

⑦视频系统设备：编码 030506007×××，计量单位"台"。

⑧视频系统调试：编码 030506008×××，计量单位"系统"。

4.7　安全防范系统工程

现代建筑中安全防范系统一般包括入侵报警系统、闭路电视监控系统、出入口控制（门禁）系统、巡更系统、停车场管理系统、楼宇对讲系统等。

1）系统概述

（1）入侵报警系统

入侵报警系统由探测器、传输系统和控制中心（报警控制器或报警中心）组成。探测器有微波探测器、超声波探测器、红外线探测器、双鉴探测器、开关入侵探测器、振动入侵探测器、声控探测器等。

探测器信号传输通道通常分为有线和无线。有线是指探测器电信号通过双绞线、电话线、电缆或光缆向控制器或控制中心传输。无线则指对探测器电信号先调制到专用的无线电频道由发送天线发出，控制器或控制中心的无线接收机将无线电波接收后，解调还原出报警信号。

报警控制器由信号处理器和报警装置组成，若探测器电信号中含有入侵者入侵信号时，信号处理器发出报警信号，报警装置发出声或光报警，引起防范工作人员注意。

报警中心通常实现区域性的防范，即把几个需要防范的小区联网到一个警戒中心，一旦出现危险情况可以及时反应。

（2）闭路电视监控系统

闭路电视监控系统是采用摄像机对被控现场进行实时监控的系统，是安防系统中一个重要的组成部分。一般由摄像头、传输系统、控制中心控制设备与监视设备、图像处理与显示等部分组成。

（3）出入口控制系统（门禁系统）

出入口控制系统是对重要出入口进行监视和控制的系统，也称门禁系统。系统网络由监视和控制两部分组成，具体由前端设备（读卡模块、读卡器、电控锁、门磁及出门按钮）和管理中心设备（管理主机、控制软件、协议转换器、主控模块）两大部分组成。

（4）楼宇对讲系统

楼宇对讲系统现已成为智能住宅小区最基本的安全防范措施，一般可分为可视与非可视两种。小区楼宇对讲系统由对讲管路主机、大门口主机、用户分机和电控门锁、传输线路等组成。

2）工程清单项目设置及工程计算规则

楼宇安全防范系统工程量清单项目设置及工程量计算规则,应按 2013 计价规范《通用安装工程计量规范》附录 E.7 中的规定执行。

①入侵探测器:编码 030507001×××,计量单位"套"。

②入侵报警控制器:编码 030507002×××,计量单位"套"。

③入侵报警中心显示设备:编码 030507003×××,计量单位"套"。

④入侵报警信号传输设备:编码 030507004×××,计量单位"套"。

⑤出入口目标识别设备:编码 030507005×××,计量单位"套"。

⑥出入口控制设备:编码 030507006×××,计量单位"台"。

⑦出入口执行机构设备:编码 030507007×××,计量单位"台"。

⑧监控摄像设备:编码 030507008×××,计量单位"台"。

⑨视频控制设备:编码 030507009×××,计量单位"台""套"。

⑩音频、视频及脉冲分配器:编码 030507010×××,计量单位"台""套"。

⑪视频补偿器:编码 030507011×××,计量单位"台""套"。

⑫视频传输设备:编码 030507012×××,计量单位"台""套"。

⑬录像设备:编码 030507013×××,计量单位"台""套"。

⑭显示设备:编码 030507014×××,计量单位"台""m^2"。

⑮安全检查设备:编码 030507015×××,计量单位"台""套"。

⑯停车场管理设备:编码 030507016×××,计量单位"台""套"。

⑰安全防范分系统调试:编码 030507017×××,计量单位"系统"。

⑱安全防范全系统调试:编码 030507018×××,计量单位"系统"。

⑲安全防范分系统工程试运行:编码 030507019×××,计量单位"系统"。

3）安全防范系统工程管线的敷设

安全防范系统管线敷设应符合《建筑电气工程施工质量验收规范》(GB 50303—2011)和《安全防范工程技术规范》(GB 50348—2004)的有关规定。综合布线系统的线缆敷设应符合《综合布线系统工程设计规范》(GB 50311—2007)的规定。

报警线路应采取穿金属管保护,并宜暗敷在非燃烧体或吊顶里,其保护层厚度不应小于 30 mm;当必须明敷时,应在金属管上采取防火保护措施。

系统中探测信号传输线,图像、声音复核传输线,不得与照明线、电力线同线槽、同出线盒、同连接箱安装。过路箱(盒)一般作暗配线时电缆管线的转接或接续用,箱内不应有其他管线穿过。

安全防范工程中视频信号的传输,距离较短时宜用同轴电缆传输视频基带信号的视频传输方法。系统的功能遥控信号采用多芯线直接传输的方法。微机控制的大系统,可将遥控信号进行数据编码,以一线多传的总线方式进行传输。同轴电缆暗敷时,一般宜穿钢管,需弯曲时,弯曲半径宜大于管外径的 15 倍,同轴电缆应一线到位,中间无接头。

光纤敷设规定可参见综合布线一节。

4.8 火灾自动报警系统工程

· 4.8.1 概述 ·

消防工程包括水灭火系统、气体灭火系统、泡沫灭火系统、火灾自动报警系统及消防系统调试。本书只介绍有关电的部分,简单介绍火灾自动报警系统。

火灾自动报警是根据建筑物的使用功能、防火等级、环境条件等要求,采用局部火灾探测器、区域报警控制器、集中火灾报警器等设备和设施用管线连接起来组成的火灾报警系统及自动灭火系统。火灾报警与消防联动控制系统图示意如图4.3所示。

· 4.8.2 火灾自动报警系统的组成 ·

①火灾探测器。常用探测器有感烟式探测器、感温式探测器、感光式探测器、可燃气体探测器等,具体技术指标及特点见厂家的具体产品型号性能说明。

②火灾报警控制器。

③联动控制器。

④短路隔离器。

⑤底座与编码底座。

⑥输入模块。

⑦输出模块。

⑧外控电源。

⑨手动报警按钮。

⑩警笛、警铃。

⑪消防广播。

⑫消防电话。

· 4.8.3 联动控制系统 ·

①室内消火栓系统。

②水喷淋灭火系统。

③排烟系统控制。

④正压送风系统控制。

⑤防火阀、排烟阀、正压送风口的控制。

⑥中央空调机、新风机及其控制。

⑦电梯及其迫降控制。

⑧防火卷帘门及其控制。

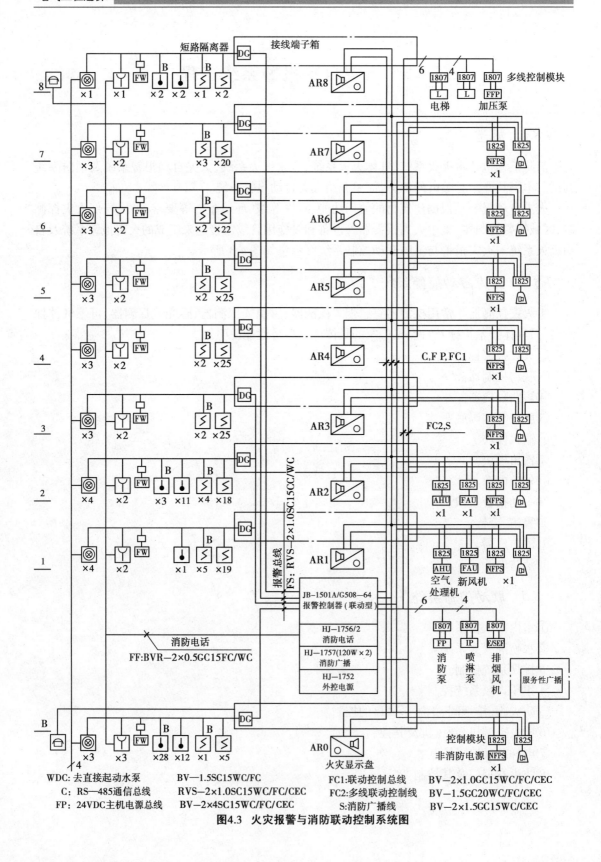

图4.3 火灾报警与消防联动控制系统图

WDC: 去直接起动水泵
C: RS—485通信总线
FP: 24VDC主机电源总线

BV—1.5SC15WC/FC
RVS—2×1.0SC15WC/FC/CEC
BV—2×4SC15WC/FC/CEC

FC1: 联动控制总线
FC2: 多线联动控制线
S: 消防广播线

BV—2×1.0GC15WC/FC/CEC
BV—1.5GC20WC/FC/CEC
BV—2×1.5GC15WC/CEC

· *4.8.4 火灾自动报警系统接线制式及线路敷设* ·

火灾自动报警系统接线分总线制和多线制。总线制有二总线制和四总线制,目前使用最为广泛的是二总线制。

火灾自动报警系统的传输线路应采用金属管、经阻燃处理的硬质塑料管或封闭线槽保护,配管、配线应遵循现行《建筑电气工程施工质量验收规范》(GB 50303—2011)的有关规定和《智能建筑工程质量验收规范》(GB 50339—2003)、《火灾自动报警系统设计规范》(GB 50116—2008)、《火灾自动报警系统施工及验收规范》(GB 50166—2007)的有关规定。

火灾自动报警系统的传输线路和 50 V 以下供电的控制线路,应采用电压等级不低于交流 250 V 的铜芯绝缘导线或铜芯电缆。采用交流 220/380 V 的供电和控制线路应采用电压等级不低于交流 500 V 的铜芯绝缘导线或铜芯电缆。导线线芯截面除满足自动报警装置技术要求外,还应满足机械强度的要求,导线或电缆最小截面不应小于表 4.1 的规定。

表 4.1　铜芯绝缘导线和铜芯电缆的线芯最小截面

序号	类　别	线芯的最小截面/mm^2
1	穿管敷设的绝缘导线	1.00
2	线槽内敷设的绝缘导线	0.75
3	多芯电缆	0.50

消防控制和报警线路采用暗敷设时,宜采用金属管或经阻燃处理的硬塑料管保护,并应敷设在不燃烧体(主要指混凝土层)的结构层内,保护层厚度不宜小于 30 mm。当采用明敷设时,应采用金属管或金属线槽保护,并应对金属管或金属线槽采取防火保护措施。采用经阻燃处理的电缆时,可不穿金属管,但应敷设在电缆竖井或吊顶内有防火保护的封闭式线槽内。不同系统、不同电压、不同电流类别的线路,不应穿在同一管内或线槽的同一槽孔内。导线在管内或线槽内,不应有接头或扭结。导线的接头,应在接线盒内焊接或用端子连接。

在吊顶内敷设各类管路和线槽时,宜采用单独的卡具吊装或支撑物固定。一般线槽的直线段每隔 1~1.5 m 设置吊点或支点,吊杆直径不应小于 6 mm。线槽接头处、线槽走向改变或转角处以及距离接线盒 0.2 m 处,也应设置吊点或支点。

从接线盒、线槽等处引到探测器底盒、控制设备盒、扬声器箱的线路均应加金属软管保护。火灾探测器的传输线路,应根据不同用途选择不同颜色的导线或电缆,正极"+"线应为红色,负极"−"线应为蓝色或黑色。同一工程中相同用途的导线颜色应一致,接线端子应有标号。

· *4.8.5 清单编码及工程量计算规则* ·

火灾报警系统工程工程量清单项目设置及工程量计算规则,应按 2013 计价规范《通用安装工程计量规范》附录 I.4 中的规定执行。

①点型探测器:编码 030904001×××,计量单位"个"。

②线型探测器:编码 030904002×××,计量单位"m"。

③按钮:编码 030904003×××,计量单位"个"。

④消防警铃:编码 030904004×××,计量单位"个"。

⑤声光报警器:编码030904005×××,计量单位"个"。

⑥消防报警电话插孔(电话):编码030904006×××,计量单位"个""部"。

⑦消防广播(扬声器):编码030904007×××,计量单位"个"。

⑧模块(模块箱):编码030904008×××,计量单位"个""台"。

⑨区域报警控制器:编码030904009×××,计量单位"台"。

⑩联动控制箱:编码030904010×××,计量单位"台"。

⑪远程控制箱(柜):编码030904011×××,计量单位"台"。

⑫火灾报警系统控制主机:编码030904012×××,计量单位"台"。

⑬联动控制主机:编码030904013×××,计量单位"台"。

⑭消防广播及对讲电话主机(柜):编码030904014×××,计量单位"台"。

⑮火灾报警控制微机(CRT):编码030904015×××,计量单位"台"。

⑯备用电源及电池主机:编码030904016×××,计量单位"套"。

⑰自动报警系统装置调试:编码030905001×××,计量单位"系统"。

上述火灾报警设备数量,按设计图示数量计算。

火灾报警系统的配管配线执行《通用安装工程计量规范》中 D.12 配管配线(030412)的原则。

【例】 某局部总线制火灾自动报警工程,工程量统计为智能离子感烟探测器 25 只,智能感温探测器 4 只,总线报警控制器 1 台,回路总线采用 RVS-2×1.5 塑料绝缘双绞铜芯线共计 125 m,选用钢管 SC15 砖混结构暗敷共计 115 m,隔离模块一只,手动报警按钮 4 只,监视模块 4 只,工程量如表 4.2 所示。

表 4.2 某局部总线制火灾自动报警工程分部分项工程量

序号	项目编码	项目名称及项目特征描述	计量单位	工程量
1	030904001001	点型探测器,智能离子感烟探测器 JTY-GD/LD300E	只	25
2	030904001002	点型探测器,智能感温探测器 JTW-2D/LD3300E	只	4
3	030904008001	模块,监视模块 LD4400E-1	只	6
4	030904008002	模块,控制模块 LD6800E-1	只	4
5	030904008003	模块,隔离模块 LD3600E	只	1
6	030904003001	按钮,总线制 J-SA P-W-LD2000	只	1
7	030904012001	报警控制器,总线制 JB-QB/LD128E(Q)-32C	台	1
8	030412001001	电气配管,SC15,砖混结构暗敷	m	115.00
9	030412003001	电气配线,RVS-2×1.5	m	550.00
10	030905001001	自动报警系统装置调试	系统	1

4.9　通信设备及线路工程

通信设备及线路工程包括通信设备、移动通信设备工程、通信线路工程。在 2013 计价规范《通用安装工程计量规范》附录 K 中,工程量清单项目设置、项目特征描述的内容、计量单位及工程量计算规则,按附录 K 的规定执行。

·**4.9.1　概述**·

1)电话通信系统组成

电话通信系统有 3 个组成部分,即电话交换设备、传输系统和用户终端设备。

①电话交换设备。现在电话交换设备多采用程控数字交换机。程控数字交换机采用模块化结构,由机箱、模块、控制计算机等硬件及相关的数据、程序等软件组成。

②传输线路。电话通信系统的传输线路通常采用音频电缆、光缆或综合布线系统。

③电话机。电话机是用户主要终端设备,另外还有传真机、计算机等用户终端设备。

2)设备安装

(1)电话机安装

一般为维护、检修和更换电话机方便,电话机不直接与线路接在一起,而是通过接线盒与电话线路连接。电话机两条引线无极性区别,可任意连接。

新建建筑内电话线路多为暗敷,电话机接至墙壁式出线盒,墙壁式出线盒的安装高度一般距地 0.3 m,若为墙壁式电话,出线盒安装高度可为 1.3 m。

(2)分线箱的安装

分线箱在墙上安装,分为明装和暗装。明装适用于线路明敷,暗装适用于线路暗敷。

分线箱安装要求安装牢固、端正,底边距地面一般不低于 2.5 m。分线箱安装好后,应写上配线区编号、分线箱编号、线序等,编号应和图纸中编号一致,书写工整、清晰。

(3)交换机的安装

程控交换机包括主机、配线架、话务台 3 个部分。它的安装应依据施工图进行。小型交换机一般不需固定在地面上,立放在平整地板上即可,机柜四角有调整螺栓可以对其水平度和垂直度进行校正。大型的程控交换机和配线架一般设计有安装基础底座。基础底座可以高出地面 100~200 mm,成排安装几台机柜时,底座上应预埋基础槽钢。

配线架安装应先安装垂直件,将垂直件调整直后,再安装水平件和斜拉件。

话务台是由微电脑组成的智能终端机,具有局线、分机状态显示灯,以及分机通话号码显示器。话务台一般设置在电话值机房,可以直接放置在专用平台上。

(4)线缆敷设

楼内电话线缆和光缆的敷设可穿管、线槽等。敷设方法与室内导线敷设类似,详见第 3 章配管配线内容。

· 4.9.2　通信设备工程 ·

通信设备工程工程量清单项目设置、项目特征描述的内容、计量单位及工程量计算规则，按附录 K.1 的规定执行清单编码从 031101001×××～031101108×××,共 108 个清单列项。本书只列出部分清单项目,详见《通用安装工程计量规范》附录 K.1。

①开关电源设备:编码 031101001×××,计量单位"架""个"。

②整流器:编码 031101002×××,计量单位"台"。

③不间断电源设备:编码 031101007×××,计量单位"套"。

④电缆槽道、走线架、机架、框:编码 031101012×××,计量单位"m""台""个"。

⑤列柜:编码 031101013×××,计量单位"架"。

⑥电话交换设备:编码 031101027×××,计量单位"台"。

⑦程控车载集装箱:编码 031101029×××,计量单位"箱"。

⑧用户集线器(SLC)设备:编码 031101020×××,计量单位"线""架"。

⑨市话用户线硬件测试:编码 031101031×××,计量单位"千线"。

⑩用户交换机:编码 031101037×××,计量单位"线"。

⑪数字分配架/箱、光分配架/箱:编码 031101038×××,计量单位"架""箱"。

⑫传输设备:编码 031101039×××,计量单位"套""端"。

⑬微波抛物面天线:编码 031101073×××,计量单位"副"。

⑭馈线:编码 031101074×××,计量单位"条"。

⑮分路系统:编码 031101075×××,计量单位"套"。

⑯电话分系统工程勤务 ESC:编码 031101096×××,计量单位"站"。

⑰电视分系统(TV/FM):编码 031101097×××,计量单位"线""系统"。

⑱低噪音放大器:编码 031101098×××,计量单位"站"。

⑲地球站设备站内环测:编码 031101101×××,计量单位"站"。

⑳小口径卫星地球站(VSAT)端站设备:编码 031101108×××,计量单位"站"。

· 4.9.3　移动通信设备工程 ·

移动通信设备工程工程量清单编码从 031102001×××～031101027×××,共 27 个清单列项,详见《通用安装工程计量规范》附录 K.2,项目特征描述的内容、计量单位及工程量计算规则按表的规定执行。

· 4.9.4　通信线路工程 ·

通信线路工程工程量清单编码从 031103001×××～031101033×××,共 33 个清单列项。本书只列出部分清单项目,项目设置、项目特征描述的内容、计量单位及工程量计算规则按规定执行,详见《通用安装工程计量规范》附录 K.3。

①水泥管道:编码 031103001×××,计量单位"m"。

②通信电(光)缆通道:编码 031103003×××,计量单位"m""处"。

③架空吊线:编码 031103007×××,计量单位"m"。

④光缆:编码 031103008×××,计量单位"m"。

⑤电缆:编码031103009×××,计量单位"m"。

⑥光缆成端接头:编码031103011×××,计量单位"头""芯"。

⑦电缆芯线接续、改接:编码031103013×××,计量单位"百对"。

⑧充油膏套管接续:编码031103015×××,计量单位"个"。

⑨包式塑料电缆套管:编码031103017×××,计量单位"个"。

⑩托架:编码031103021×××,计量单位"条""根"。

⑪交接箱:编码031103023×××,计量单位"个"。

⑫交接间配线架:编码031103024×××,计量单位"座"。

⑬分线箱(盒):编码031103025×××,计量单位"个"。

⑭水底光缆标志牌:编码031103030×××,计量单位"块"。

⑮对地绝缘监测装置:编码031103032×××,计量单位"处"。

⑯埋式光缆对地绝缘检查及处理:编码031103033×××,计量单位"m"。

复习思考题 4

1.建筑智能化工程包含的内容有哪些?

2.计算机网络系统设备安装工程的清单项目设置、项目名称及项目特征描述、计量单位、计算规则有哪些?

3.建筑物的综合布线系统工程的的清单项目设置、项目名称及项目特征描述、计量单位、计算规则有哪些?

4.建筑设备自动化系统工程的清单项目设置、项目名称及项目特征描述、计量单位、计算规则有哪些?

5.有线电视系统的组成内容有哪些?

6.有线电视系统工程的清单项目设置、项目名称及项目特征描述、计量单位、计算规则有哪些?

7.现代建筑中安全防范系统一般包括内容?

8.火灾自动报警的组成内容?

9.火灾自动报警的清单项目设置、项目名称及项目特征描述、计量单位、计算规则有哪些?

10.电话通信系统的组成内容?

11.通信设备工程工程量清单项目设置、项目特征描述的内容、计量单位及工程量计算规则有哪些?

5 工程量清单及清单计价

5.1 工程量清单的编制

· 5.1.1 工程量清单编制的一般规定 ·

工程量清单是招标投标活动的依据,专业性强,内容复杂,对编制人的业务技术水平要求高,能否编制出完整、严谨的工程量清单,直接关系到拟建工程的招标质量,也是影响招标工作成败的关键。因此,工程量清单编制应遵守以下3项规定:

①应由具有编制招标文件能力的招标人,或受其委托具有相应资质的中介机构进行编制。"相应资质的中介机构"是指具有工程造价咨询机构资质并按规定的业务范围承担工程造价咨询业务的中介机构。

②应作为招标文件的组成部分。《中华人民共和国招标投标法》规定,招标文件应当包括招标项目的技术要求和投标报价要求。工程量清单体现了招标人要求投标人完成的工程项目及相应工程数量,全面反映了投标报价的要求,是投标人进行报价的依据,因此,工程量清单应是招标文件不可分割的组成部分。

③应反映拟建工程的全部工程内容及为实现这些工程内容而进行的其他工作。也就是说,工程量清单要齐全完整,即包括2013计价规范规定的分部分项工程量清单、措施项目清单、其他项目清单等。

· 5.1.2 工程量清单的组成 ·

工程量清单表现拟建工程的分部分项工程项目、措施项目、其他项目名称和相应数量的一种明细表格,这些表格主要有分部分项工程表、措施项目表和其他项目表。当这些表格填入项目编码、项目名称、计量单位和工程数量后,就成为工程量清单。

工程量清单作为招标文件的组成部分,一个最基本的功能是作为信息的载体,以便投标人能对工程有全面充分的了解。从这个意义上讲,工程量清单的内容应全面、准确。据此,工程量清单的主要内容包括:工程量清单封面、填表须知、工程量清单总说明、分部分项工程量清单、措施项目清单、其他项目清单、规费税金项目清单。

工程量清单及投标报价的编制应采用2013计价规范中规定的统一格式,其组成内容及编制方法分述如下。

1)封面

工程量清单封面是工程量清单的外表装饰页,如同一本书一样,有内封、外封之分。2013

计价规范规定的封面格式既可作内封,也可作外封。实际工作中有些招标工程大多数将它作为内封,招标单位对外封一般都做成硬封,业主在其上面仅标注有工程名称、工程量清单及招标单位名称和年、月、日,其他相关内容被省略。

工程量清单封面上规定的各项内容均由招标人填写、签字、盖章,其标准格式见 2013 计价规范。

2)**工程量清单填表须知**

工程量清单"填表须知"主要是告诉招标人在编写工程量清单表格时,必须按照所规定的内容和要求进行填写。具体规定有以下 4 条:

①工程量清单及其计价格式中所有要求签字、盖章的地方,必须由规定的单位和人员签字、盖章。

②工程量清单及其计价格式中的任何内容不得随便删除或涂改。

③工程量清单计价格式中列明的所需要填表的单价和合价,投标人均应填报,未填报的单价和合价,视为此项费用已包含在工程量清单的其他单价和合价中。

④金额(价格)均应以人民币表示。

3)**总说明**

工程量清单总说明,一般应按下列内容填写:

①工程概况:建设规模、工程特征、计划工期、施工现场实际情况、交通运输情况、自然地理条件、环境保护要求等。

②工程招标和分包范围。

③工程量清单编制依据。

④工程质量、材料、施工等的特殊要求。

⑤招标人自行采购材料的名称、规格型号、数量等。

⑥其他项目清单中招标人部分的(包括预留金、自行采购材料费等)金额数量。

⑦其他需说明的问题。

4)**分部分项工程量清单**

分部分项工程量清单应包括项目编码、项目名称、计量单位和工程数量 4 个部分。

5)**措施项目清单**

措施项目清单包括安全文明施工费、施工技术措施、施工组织措施。

6)**其他项目清单**

其他项目清单包括暂列金额、专业工程暂估价、计日工、总承包服务费等。

7)**规费、税金项目清单**

工程量清单编制的步骤是:熟悉施工图纸→列出工程项目→计算工程项目工程量→编制工程量清单。

合理的清单项目设置和准确的工程数量,是清单计价的前提和基础。对于招标人来说,工程量清单是进行投资控制的前提和基础,工程量清单表编制的质量直接关系和影响到电气安装工程建设的最终结果。

建筑安装工程的工程数量计算应按 2013 计价规范中规定的工程量计算规则进行。工程量计算规则是指对清单项目工程量的计算规定。除另有说明外,所有清单项目的工程量应以实体工程量为准,并以完成后的净值计算,投标人投标报价时应在单价中考虑施工中的各种损耗和需要增加的工程量。

5.2 工程量清单计价

工程量清单计价的基本原理就是以招标人提供的工程量清单为平台,投标人根据自身的技术、财务、管理能力进行投标报价,招标人根据具体的评标细则进行优选,这种计价方式是市场定价体系的具体表现形式。

投标人以招标人提供的工程量清单为基础,根据企业自身的施工技术、施工措施和人工、材料、机械消耗水平、取费等进行投标报价,通过公平、公正、公开的竞争,形成市场竞争价格,使招标人能够择优选择施工企业。

· 5.2.1 工程量清单计价的原则 ·

工程量清单计价活动必须遵循公平、合法、诚实信用的原则。工程量清单计价是市场经济的产物,市场经济活动的基本原则就是客观、公正、公平。这就是说,在工程量清单计价活动中要求计价活动要有很高的透明度,工程量清单的编制要实事求是,不弄虚作假,招标要机会均等、公平地对待所有投标人,不厚此薄彼,不搞小动作,不搞暗箱操作。投标人要从本企业的实际情况出发,不能低于成本报价,不能串通报价。双方应本着互惠互利、双赢的原则进行招标投标活动,既要使业主在保证质量、工期等效果的前提下少投资,又要使承包方有正常利润。工程量清单计价活动是政策性、经济性、技术性都很强的一项技术经济工作,涉及国家的法律、法规和标准规范比较广泛。所以,工程量清单计价活动除必须遵循《建设工程工程量清单计价规范》外,还应符合包括《建筑法》《经济法》《合同法》《招标投标法》和中华人民共和国建设部第 107 号令发布的《建筑工程施工发包与承包计价管理规定》的规定,以及直接涉及工程造价的工程质量、安全及环境保护等方面的工程建设强制性标准规范。

"诚实信用"是民事活动的基本准则,在我国民法通则和合同、招标投标法等民事基本法律中规定了这一原则。工程量清单计价是市场形成工程造价的主要形式,因此,不但在工程量清单计价过程中要遵守职业道德,做到计价公平合理,诚信于人,在合同签订、履行以及办理工程竣工结算过程中也应遵守诚信原则,恪守承诺,做到一诺千金。工程量清单计价必须做到科学合理、实事求是。所谓"科学"就是要在知己知彼的条件下技巧报价,力争报价成功;所谓"合理"就是要在对招标人提供的工程量清单进行全面分析的基础上,遵循合理低价的原则,报价最低,但又不低于成本,具有一定利润的空间,要在众多竞争企业中脱颖而出。实事求是,就是工程量清单计价价款,应包括《计价规范》规定的内涵齐全的全部费用。

工程量清单计(报)价主要是指招标工程的标底价计算或投标人对投标报价的计算。根据《计价规范》规定,电气安装单位工程造价由分部分项工程费、措施项目费、其他项目费、规费和税金组成。

· 5.2.2 工程量清单计价的依据 ·

工程量清单计价的依据:

①招标文件。它是工程量清单计价的前提条件,只有清楚地了解招标文件的具体内容和

要求,如建设规模、工程性质、结构特征、工程内容、工程范围等,才能做到心中有数与正确计价。

②工程量清单。它是由招标人提供的供投标人计价的工程实物数量资料,内容包括分部分项工程项目、措施项目、其他项目名称和相应数量并以表格形式表明的明细清单。

③施工设计图纸及招标人答疑。它是投标人复核工程量和吃透图纸内容及施工要求的依据。

④施工组织设计或施工方案。它是计算措施项目费用的依据,如环境保护措施、安全施工措施、施工排水或地下降水措施、土石方施工措施,以及需配备哪些型号规格的大型施工机械和这些大型机械进出场与安拆措施等。

⑤企业定额和综合单价。这两种资料均为企业结合自身实力和捕捉到的价格信息分别制定和供本企业使用的人工、材料和机械台班使用量的一种定额和价格,它是投标报价计价的依据。综合单价与通常的定额单价相比较,除包括工、料、机三项费用外,还包括了管理费、利润和风险因素在内的费用。因此,综合单价是大于预算单价的一种价格。

· 5.2.3 工程量清单计价表格 ·

电气安装工程的投标报价书的内容有:

①封面:工程量清单报价表,一般为单位工程(电气工程)投标总价。

②总说明:工程概况、取费基础等。

③单位工程费汇总表。

④分部分项工程量清单计价表。

⑤分部分项工程量清单综合单价分析表。

⑥措施项目清单计价表。

⑦措施项目费分析表。

⑧其他项目清单计价表。

⑨规费税金项目清单计价表。

⑩材料暂估单价表。

在清单报价中有 4 个关键环节,一是量,二是价,三是取费标准,四是表格形式。全部表格见《建筑工程工程量清单计价规范》中的标准格式。

5.3 工程量清单计价案例

限于篇幅,下面列举的工程量清单计价案例为讲课用,在此只列出部分表格。

①封面。

②总说明。

③单位工程投标报价汇总表。

④分部分项工程量清单与计价表。

⑤工程量清单综合单价分析表(略)。

⑥措施项目清单计价表(略)。

⑦规费税金项目清单计价表(略)。

⑧材料暂估单价表(略)。

⑨附工程量计算表。

白云湖城市公园一期工程——办公楼电气安装工程

投 标 价

招 标 人:_____

投 标 价(小写): 118 402.67

（大写）:壹拾壹万捌仟肆佰零贰元陆角柒分_____

投 标 人:_____

（单位盖章）

法 定 代 表 人:

或其委托代理人:_____

（签字或盖章）

编 制 人:_____×××_____

（造价人员签字盖专用章）

2013 年 5 月 25 日

总 说 明

本单位工程为白云湖城市公园一期工程——办公楼电气安装工程。

1.工程概况:白云湖城市公园位于×× 市开发新区,办公楼为一期建设工程。该工程共 3 层,地上 2 层,地下 1 层(主要为车库),建筑面积约 3 165 m²,属二类建筑。

本工程采用低压电源,由临近市政低压电网提供一条电缆,负荷估计 37 kW。

2.设计单位:本工程由某市某建筑电气设计事务所设计,电气施工图已设计完毕,完全能满足施工要求。

3.资金来源:政府拨款,已全部到位。

4.工程量清单报价依据:

4.1 依据 GB 50500—2013《建设工程工程量清单计价规范》要求编制。

4.2 根据某市政府关于工程建设的相关规定进行编制。

4.3 依据建设方发布的招标邀请书、招标答疑等一系列招标文件。

4.4 根据建设方随招标文件提供的某市建筑电气设计事务所设计的电气施工图进行编制。

4.5 各项单价及费率取值:

我公司在施工项目管理中,大力推行项目责任制,按"企业消耗量定额"编制消耗量计划,执行计划限额领材料制与成本核算制。企业管理费按人工费的 56.4%,利润按人工费的 30%,安全文明施工费按人工费的 9%,规费费率为 25.83%,税金费率为 3.41%。

5.(以下各项略)

单位工程费用汇总表

工程名称:白云湖城市公园一期工程——办公楼(电气)　　　　　　　　　　单价:元

序号	项目名称	金　额	其中:暂估价
1	分部分项工程费	106 049.77	18 510.2
2	措施项目费	5 188.23	
3	其他项目费		
4	安全文明施工专项费	849.08	
5	规费	2 436.88	
5.1	工程排污费		
5.2	养老保险费、失业保险费及医疗保险费、住房公积金、危险作业意外伤害保险	2 436.88	
6	税金	3 878.71	
	合　计＝1+2+3+4+5+6(结转至单项工程费汇总表)	118 402.67	18 510.2

分部分项工程量清单与计价表

工程名称:白云湖城市公园一期工程——办公楼(电气)　　　　　　　　第1页 共6页

序号	项目编码	项目名称	项目特征描述	计量单位	工程量	金额(元)		
						综合单价	合价	其中:暂估价
1	030411001001	配管PVC20	[项目特征] 1.名称:电气配管 2.材质:PVC塑料管 3.规格:25 4.配置形式及部位:沿砖、混凝土结构暗配 [工程内容] 电线管路敷设	m	1 015	6.45	6 869.25	
2	030411001002	配管PVC25	[项目特征] 1.名称:电气配管 2.材质:PVC塑料管 3.规格:20 4.配置形式及部位:沿砖、混凝土结构暗配 [工程内容] 电线管路敷设	m	980	8.86	8 682.8	
3	030411001003	配管PVC32	[项目特征] 1.名称:电气配管 2.材质:PVC 3.规格:32 4.配置形式及部位:沿砖、混凝土结构暗配 [工程内容] 1.电线管路敷设 2.接线盒(箱)、灯头盒、开关盒、插座盒安装	m	7.3	11.55	84.32	
4	030411001004	配管PVC50	[项目特征] 1.名称:电气配管 2.材质:PVC50 3.配置形式及部位:沿砖、混凝土结构暗配 [工程内容] 电线管路敷设	m	5	14.65	73.25	
5	030411006001	接线盒	[项目特征] 1.名称:电气配管 2.材质:塑料接线盒 [工程内容] 接线盒(箱)、灯头盒、开关盒、插座盒安装	个	820	4.3	3 529.59	

工程名称:白云湖城市公园一期工程——办公楼(电气)　　　　　第 2 页 共 6 页

序号	项目编码	项目名称	项目特征描述	计量单位	工程量	金额(元)		
						综合单价	合价	其中:暂估价
6	030411004001	配线 BV-10 mm²	[项目特征] 1.配线形式:管内穿线 2.导线型号、材质、规格: BV-10 mm²鸽牌 3.敷设部位或线制:沿砖、混凝土结构 [工程内容] 管内穿线	m	35.9	13.12	471.01	
7	030411004002	配线 BV-6 mm²	[项目特征] 1.配线形式:管内穿线 2.导线型号、材质、规格: BV-6 mm²鸽牌 3.敷设部位或线制:沿砖、混凝土结构 [工程内容] 管内穿线	m	1 492	5.62	8 385.04	
8	030411004003	配线 BV-4 mm²	[项目特征] 1.配线形式:管内穿线 2.导线型号、材质、规格: BV-4 mm²鸽牌 3.敷设部位或线制:沿砖、混凝土结构 [工程内容] 管内穿线	m	2 857.8	3.89	11 116.84	
9	030411004004	配线 BV-2.5 mm²	[项目特征] 1.配线形式:管内穿线 2.导线型号、材质、规格: ZR-BV2.5 mm²鸽牌 3.敷设部位或线制:沿砖、混凝土结构 [工程内容] 管内穿线	m	921	3.31	3 048.51	
10	030408001001	电力电缆 YJV-4×25+ 1×16	[项目特征] 1.型号:YJV-4×25+1×16 3.敷设方式:沿砖、混凝土结构 [工程内容] 电缆敷设	m	4.5	348.34	1 567.53	

工程名称:白云湖城市公园一期工程——办公楼(电气)　　　　　　　　　　　第3页 共6页

序号	项目编码	项目名称	项目特征描述	计量单位	工程量	综合单价	合价	其中:暂估价
11	030408001 002	电力电缆 YJV-4×35＋1×16	[项目特征] 1.型号:YJV-4×35+1×16 2.敷设方式:沿砖、混凝土结构 [工程内容] 电缆敷设	m	76.9	170.72	13 132.57	
12	030408001 003	电力电缆 YJV-4×50＋1×25	[项目特征] 1.型号:YJV-4×50+1×25 2.敷设方式:沿砖、混凝土结构 [工程内容] 电缆敷设	m	5	441.15	2 205.75	
13	030408006 001	电缆终端头	[项目特征] 材质、类型:户内热缩式铜芯电缆头 120 以下 [工程内容] 电缆敷设电缆头制作、安装	个	6	163.81	982.86	
14	030408003 001	电缆保护管	[项目特征] 材质、类型:塑料保护管 [工程内容] 过路保护管敷设	m	10	20.15	201.50	
15	030408008 001	防火堵洞	[项目特征] 材质、类型:隔热膜 [工程内容] 过路保护管敷设	m²	18.6	5.85	108.81	

工程名称:白云湖城市公园一期工程——办公楼(电气)　　　　　　　　第 4 页 共 6 页

序号	项目编码	项目名称	项目特征描述	计量单位	工程量	综合单价	合价	其中:暂估价
16	030408008 001	电缆防火涂料	[项目特征] 材质、类型:塑料保护管 [工程内容] 过路保护管敷设	kg				
17	030412001 001	普通灯具	[项目特征] 名称、型号:吸顶式装饰灯 1×100 W [工程内容] 组装	套	4	149.11	596.44	505
18	030412001 002	普通灯具	[项目特征] 名称、型号:吸顶式花灯 1×200 W [工程内容] 组装	套	3	281.96	845.88	772.65
19	030412004 001	荧光灯	[项目特征] 1.名称:双管荧光灯 2.型号:2×40 W 3.安装形式:嵌入式 [工程内容] 安装	套	56	208.2	11 659.2	8 766.8
20	030412004 002	荧光灯	[项目特征] 1.名称:单管荧光灯 2.型号:1×40 W [工程内容] 安装	套	40	70.84	2 833.6	2 020
21	030412004 003	荧光灯	[项目特征] 1.名称:应急单管荧光灯 2.规格:1×40 W [工程内容] 安装	套	8	176.89	1 415.12	1 252.4

工程名称:白云湖城市公园一期工程——办公楼(电气)

序号	项目编码	项目名称	项目特征描述	计量单位	工程量	金额(元)		
						综合单价	合 价	其中:暂估价
22	030412004001	装饰灯	[项目特征] 名称:疏散指示灯 [工程内容] 安装	套	8	83.51	668.08	525.2
23	030404034001	照明开关	[项目特征] 名称:翘板式暗装单联单控开关 PHILIPS [工程内容] 安装	个	32	26.85	859.2	
24	030404034002	照明开关	[项目特征] 名称:翘板式暗装双联单控开关 PHILIPS [工程内容] 安装	个	16	32.37	517.92	
25	030404034003	照明开关	[项目特征] 1.名称:空调单相插座 PHILIPS 2.规格:25 A [工程内容] 安装	个	35	42.91	1 501.85	
26	030404034004	照明开关	[项目特征] 名称:翘板式暗装三联单控开关 PHILIPS [工程内容] 安装	个	2	39.93	79.86	
27	030404035001	插座	[项目特征] 1.名称:8 孔单相普通插座 PHILIPS 2.规格:16 A [工程内容] 安装	个	43	44.43	1 910.49	
28	030404033001	风扇	[项目特征] 名称:轴流排气扇 [工程内容] 安装	个	11	164.48	1 809.28	1 320

工程名称:白云湖城市公园一期工程——办公楼(电气)　　　　　　　　　第6页 共6页

序号	项目编码	项目名称	项目特征描述	计量单位	工程量	金额(元)		
						综合单价	合价	其中:暂估价
29	030404018001	配电箱ZMPDX	[项目特征] 名称、型号:ZMPDX [工程内容] 箱体安装	台	1	2 611.27	2 611.27	
30	030404018002	配电箱ZMPDX1	[项目特征] 名称、型号:ZMPDX1 [工程内容] 箱体安装	台	1	1 592.48	1 592.48	
31	030404018003	配电箱ZMPDX2	[项目特征] 名称、型号:ZMPDX2 [工程内容] 1.基础型钢制作、安装 2.箱体安装	台	1	692.48	692.48	
32	030404018004	配电箱ZMPDX3	[项目特征] 名称、型号:ZMPDX3 [工程内容] 1.基础型钢制作、安装 2.箱体安装	台	1	674.98	674.98	
33	030404018005	配电箱CKPDX1	[项目特征] 名称、型号:CKPDX1 [工程内容] 1.基础型钢制作、安装 2.箱体安装	台	1	1 874.98	1 874.98	
34	030209005001	避雷带、网	[项目特征] 受雷体名称、材质、位置:避雷网采用-40×4 镀锌扁钢 [工程内容] 1.避雷网制作、安装 2.跨接	m	270.69	23.65	6 401.71	
35	030209003001	避雷引下线	[项目特征] 引下线材质、规格、技术要求(引下形式):利用柱内主筋引下 [工程内容] 1.引下线敷设、断接卡子制作、安装 2.钢铝窗接地 3.柱主筋与圈梁焊接	m	172.62	16.85	2 908.73	

措施项目清单计价表

工程名称:白云湖城市公园一期工程——办公楼(电气) 单位:元

序　号	项目名称	金　额	备　注
1	施工组织措施	4 383.18	
2	施工技术措施	805.05	
合计(结转至单位工程费汇总表)		5 188.23	—

施工组织措施项目清单计价表

工程名称:白云湖城市公园一期工程——办公楼(电气)　　　　　　　单位:元

序　号	项目名称	计算基础	费率(%)	金　额
1.1	环境保护费	分部分项人工费+技术措施人工费	1	94.34
1.2	临时设施费	分部分项人工费+技术措施人工费	19.94	1881.2
1.3	夜间施工费	分部分项人工费+技术措施人工费	8.33	785.88
1.4	冬雨季施工增加费	分部分项人工费+技术措施人工费	6.55	617.95
1.5	二次搬运费			
1.6	包干费	分部分项人工费+技术措施人工费	3	283.03
1.7	已完工程及设备保护费	分部分项人工费+技术措施人工费	4	377.37
1.8	工程定位复测、点交及场地清理费	分部分项人工费+技术措施人工费	3	283.03
1.9	材料检验试验费	分部分项人工费+技术措施人工费	0.64	60.38
合计(结转至措施项目清单计价表)				4 383.18

施工技术措施项目清单计价表

工程名称:白云湖城市公园一期工程——办公楼(电气)　　　　　　　　　　单位:元

序号	项目编码	项目名称	项目特征及主要工程内容	计量单位	工程量	综合单价	合价	其中:材料暂估价
1	2.1	大型机械设备进出场及安拆费		项	1			
2	2.2	混凝土、钢筋混凝土模板及支架费		项	1			
3	2.3	脚手架费		项	1	805.05	805.05	
4	2.4	施工排水及降水费		项	1			
5	2.5	组装平台		项	1			
本页小计							805.05	
合计(结转至施工措施项目清单计价表)							805.05	

其他项目清单计价表

工程名称:白云湖城市公园一期工程——办公楼(电气)　　　　　　　　单位:元

序　号	项目名称	金额(元)
1	计日工	
2	暂列金额	
3	专业工程暂估价	
4	总承包服务费	
合计(结转至单位工程费汇总表)		

安全文明施工专项费及规费、税金项目清单计价表

工程名称:白云湖城市公园一期工程——办公楼(电气)　　　　　　　　单位:元

序　号	项目名称	计算基础	计算标准	金额/元
1	安全文明施工专项费	分部分项人工费+技术措施项目人工费	9	849.08
2	规费	工程排污费+养老保险费、失业保险费及医疗保险费、住房公积金、危险作业意外伤害保险		2 436.88
2.1	工程排污费			
2.2	养老保险费、失业保险费及医疗保险费、住房公积金、危险作业意外伤害保险	分部分项工程量清单中的基价直接工程费+施工技术措施项目清单中的基价直接工程费	25.83	2 436.88
3	税金	分部分项工程费+措施项目费+其他项目费+安全文明施工专项费+规费	3.41	3 878.71

注:安全文明施工专项费及规费、税金分别结转至单位工程费汇总表。

材料暂估单价表

工程名称:白云湖城市公园一期工程——办公楼(电气)   单位:元

序　号	材料名称、规格、型号	计量单位	单　价	备　注
29030101@1	轴流排气扇	台	120	
33050201@10	吸顶式装饰灯 1×100 W(含光源)	套	125	
33050201@13	双管日光格栅灯 2×40 W(含光源)	套	155	
33050201@2	吸顶灯 1×26 W(含光源)	套	85	
33050201@4	吸顶式花灯 1×200 W(含光源)	套	255	
33050201@5	单管荧光灯 1×40 W(含光源)	套	50	
33050201@6	单管应急荧光灯 1×40 W(含光源)	套	155	
33050201@7	疏散指示灯(含光源)	套	65	

复习思考题 5

1.工程量清单表格有哪些?

2.工程量清单计价的依据是什么?

3.综合单价的含义及构成内容有哪些?

4.单位工程投标报价汇总表的构成有哪些?

5.通用施工组织措施有哪些?

6.安全文明施工专项费的含义?

7.什么叫规费?有哪些费用组成?

8.材料暂估价的含义?

9.进行综合单价分析的意义?

6 定额计价

6.1 概 述

定额计价模式是我国工程造价计价的传统模式,是根据国家或地区颁发的统一预算定额规定的"工、料、机"消耗量的工程实物数量,套用相应的定额单价(基价)计算出直接工程费,再在直接工程费的基础上计算出各项相关费用及税金,最后经汇总形成电气安装工程预算造价。这种计价模式的缺点是"量价合一"或"规定价,计算量",要受政府定价的控制,不利于企业发挥自己的优势,不适应通过市场竞争形成价格和与国际惯例接轨的要求。

编制单位工程预算的目的:一是确定某一单项工程中电气设备安装工程所需要的建设费用;二是为单项工程综合预算的编制提供依据。因此,只有把单位工程的含税造价计算出来,才能使工程预算在基本建设中起到它应有的作用。

6.2 定额计价

· 6.2.1 填写单位工程预算表 ·

填写单位工程预算表,就是将已经计算并经汇总好的分部分项工程数量、定额单价填写到单位工程预算表相应栏目内运算的过程。具体步骤和操作方法如下:

1)抄写工程数量

抄写工程数量(以下简称"工程量")就是按照所使用的《全国统一安装工程预算定额》第二册(电气设备安装工程)GYD—202—2000或该定额的地区单位估价表的分部分项工程排列次序,把工程量汇总表中的各个分项工程名称、型号规格、计量单位和相应的工程量,抄写到预算表的相应栏内。同时,把定额或地区单位估价表中各相应分项工程定额编号填写在预算表的"定额编号"栏内,以便套用定额单价(即"基价")。

抄写工程量时应注意以下几点:

①各分部工程名称要按定额排列次序填写,如变压器安装项目应填写为"一、油浸电力变压器安装"、"二、干式变压器安装"、"三、消弧线圈安装"等,并按容量大小区分规格,不得前后颠倒。

②各分项或子项工程的名称必须与定额的名称吻合。

③各分项或子项工程的计量单位必须与定额一致。

④各分项或子项工程的定额编号必须与定额符合,并按定额顺序填写,最好不要颠倒先后顺序,以便于套用单价时不影响成品美观。

2)抄写分项工程预算单价

抄写分项工程预算单价,是指把预算定额或单位估价表中的有关工程项目的预算单价(即基价),抄写时应当注意下列两个问题:

①注意区分定额中哪些工程项目的预算单价可以直接套用,哪些项目应当经过换算才能抄进预算表。

②应当对定额中有关分项或子项工程的内容和规格正确地区分和理解。例如,"电气设备安装工程"定额第八章"八、铝芯电力电缆敷设"和第十二章"七、管内穿线"动力线路分项工程子目的电缆单芯截面积分别划分为 35,120,240,400 mm² 及 10,16,25,35,50,70,95,120,150,185 mm² 等规格,这些子项工程预算单价可以直接套用,不需换算和调整。然而,有些建筑安装工程造价员却进行不必要的换算,将 BLVV 或 VLV 护套电缆三芯(如 3×120 mm²)或三芯接地(如 3×185+1×50)进行相乘或相乘相加后再开平方等。究其原因,是没有吃透定额内容,不了解定额的性质。无论安装工程预算定额或建筑工程预算定额,它们都有一定的综合性。尽管 BLVV 或 VLV 护套电力电缆分别分有 3×50、3×70 与 3×120+1×35、3×150+1×150 等不同规格,而这些不同规格,虽然在预算定额的分项中(如 70、120、185 mm²)没有把它们的芯数和根数一一表示出来,但作为预算定额,是会把不同规格的电缆敷设或穿管的人工综合在定额中的,因此,在定额说明中没有说明让换算的就绝对不能滥换算。正确的做法应该是按照设计图纸选用的电缆单芯截面积,如(3×185+1×50)中的 185 mm² 截面积抄写预算定额编号 2-1186 的预算单价即可。电缆头制作安装定额的套用也与此相同。

预算定额或地区安装价目表中的预算单价,都是按照一定年份的材料预算价格、工资标准、机械台班预算单价编制的。随着时间的推移和我国各种生产资料价格的改革,定额中的"三项"费用(即人工费、材料费和机械费)水平,也就必然会与当前的物价水平不相一致。为适应工程预算造价的动态管理,在抄写分项或子项工程"单价"的同时,应该把相应分项工程的人工费、材料费、机械费也抄进预算表中"单位价值"栏的人工费、材料费、机械费栏目内,以便计算"三项"费用总值,为调整预算价值打好基础。同时,人工费又是计算间接费等各项应取费用的基础数字,因此,应该认真计算,切勿草率。

3)调整预算单价

如果设计图纸中某项工程子项所使用的安装材料品种、规格与预算定额中相应工程子项的规定不同,而在定额说明中或定额表下边的附注中允许换算时,则应经过换算才能抄写该项工程子项的单价。

电气安装工程预算单价换算,大致可归纳为:材料品种不同;材料规格不同;材料数量不同;材料运距不同。这 4 种情况的换算方法可用计算式表示如下:

$$材料品种、规格不同的换算 \quad A = (B - C) \times D$$

$$材料数量、运距不同的换算 \quad A = (Q - Q_1) \times P$$

式中 A——调整后的预算单价;

B——设计图中采用的材料单价;

C——定额中采用材料的单价;

D——定额中规定的消耗数量;

Q——设计规定的材料(或运距)数量;

Q_1——定额规定的材料(或运距)数量;

P——设计规定的材料(或运距)单价。

上述计算式中,如果调整数值为正数,则为调增;如为负数,则为调减。

电气安装工程预算定额需要进行换算单价的分项工程很少,但作为一名电气安装工程造价员,对于预算单价的换算方法应该掌握。同时,有些项目的换算也可不限于上述计算公式,而要采用别的计算公式。例如,《全国统一安装工程预算定额》"解释汇编"指出,槽形母线与设备连接,如接头数与定额不一致时允许换算。

预算单价抄写、调整工作进行完后,可以开始进行各个分项工程总价值以及人工费、材料费、机械费总值的计算工作。

4)计算分项工程"合价"

把单位工程预算表内抄写好的各分项或子项工程的工程量乘以其单价所得积数,并把各分项或子项价值的计算结果(积数)写入本分项或子项工程的"预算合价"的"总价"栏内,并同时用计算公式表示如下:

$$分项工程合价 = 分项工程量 \times 相应分项工程预算单价$$

式中

$$人工费 = 分项工程量 \times 相应分项程人工费预算单价$$

$$材料费 = 分项工程量 \times 相应分项程材料费预算单价$$

$$机械费 = 分项工程量 \times 相应分项程机械费预算单价$$

分项工程费"合价"可取整数,也可取小数点后 2 位,具体怎样取定,应按各单位的管理制度执行。

【例】 设某工程机修车间敷设铜芯交联聚氯乙烯绝缘钢带铠装电力电缆(YJV$_{22}$-0.6/1.0 kV 3×120 mm^2+2×70 mm^2)385 m,试计算该分项工程"合价"为多少。

【解】 按照工程所在地《××省安装工程消耗量定额》第二册(电气设备安装工程)2006 年"价目表"单价,计算如下:

直接工程费 = 385×519.74 元/100 m

           = 2 000.999 元　　　　　　　　　　　　　　　　 定额号 2-261

其中　人工费 = 385 m×326 元/100 m = 1 255.10 元

       材料费 = 385 m×151.15 元/100 m = 581.93 元

       机械费 = 385 m×42.59 元/100 m = 163.97 元

       主材费 = 385 m×501.54 元/100 m = 195 023.82 元

       合价:2 000.999 元+195 023.82 元 = 197 024.81 元

把一个分部工程(如"配电装置"、"控制设备及低压电器"等)的各个分项工程"合价"竖向相加,即可求得该分部工程的"小计";再把各分部工程(如"变压器"、"配电装置"、"母线、绝缘子"等)的"小计"相加,就可以得出该单位工程的定额项目直接工程费用。定额项目直接工程费用是计算各项措施项目费用及其他有关应计取费用的基础数据,因此务必细心计算,认真核对,以防出现差错。如果是计算"三项"费用的单位工程预算,直接工程费用的合计数值必须与人工费加材料费加机械使用费之和的数值相等,如果不相等,就是计算错了,应随时进行复查,看是分项工程"合价"乘错了还是加错了;如果乘、加都没有错,那就肯定是单价抄错了,这样,计算的结果就会使等号左、右两边数值不相等。

· 6.2.2 计算单位工程直接费 ·

单位工程直接费由直接工程费和措施项目费两大部分组成。

1)直接工程费

如上所述,把各个分部工程的小计相加,就可求得该单位工程的定额项目直接工程费。其计算方法如下:

$$定额项目直接工程费 = \sum (各分部工程直接工程费小计)$$

式中

$$各分部工程直接工程费小计 = \sum (各相应分部工程的分项工程直接工程费合价)$$

$$各分项工程直接工程费合价 = \sum (各分项工程数量 \times 相应分项工程定额单价)$$

2)措施项目费

措施项目费是指为完成电气工程项目施工,发生于该工程施工前和施工过程中非工程实体项目的费用。其计算方法可用计算式表达如下:

$$措施费 = \sum (直接工程费 \times 相应措施项目费费率(\%))$$

或

$$措施费 = \sum (人工费总额 \times 相应措施项目费费率(\%))$$

将上述两项费用相加,即可求得直接费费额。计算公式如下:

$$直接费 = 直接工程费 + 措施费$$

【例】 设某工厂动力车间电气照明工程安装人工费为 12 465.85,试采用《化工建设安装工程费用定额》(2006 年版)计算"已完工程及设备保护费"为多少。

【解】 依据已知条件及费率(0.6%)计算如下:

$$已完工程及设备保护费 = 12\ 465.85 元 \times 0.6\% = 74.80 元$$

3)计算定额系数费

定额系数费是指按定额规定系数计取的有关费用。按构成工程造价费用的性质来说,这些费用也属于措施费,所以有的地区按定额规定系数计取的费用称为施工组织措施费。《全国统一安装工程预算定额》规定按系数计取的费用项目主要包括有:脚手架搭拆费,工程超高增加费,高层建筑增加费,安装与生产同时进行增加费,在有害人身体健康环境施工增加费等。它们的计算方法分述如下:

①脚手架搭拆费。根据建标〔2003〕206 号文件规定已划归措施费用项,故对其计算不重述。

②工程超高增加费。它是指安装物操作高度超过定额规定高度而降效应增加的费用。如

电气安装工程安装物高度距离楼地面 5 m 以上、20 m 以下时,按超高部分人工费的 33% 计取超高费用。计算公式如下:

$$超高增加费 = 单位工程超高部分人工费 \times 超高费系数$$

【例】 某单位综合办公楼入口门厅安装串棒灯(圆形,见定额附录二"示意图集"50 号灯)3 套,灯体直径 400 mm,灯体垂吊长度 500 mm,门厅室内净高 6.55 m,该灯具安装人工费为 48.86 元,试计算超高增加费为多少。

【解】 该工程所在地为陕西省某市,故应采用该省 2004 年安装工程定额 2006 年价目表规定计算如下:

$$超高增加费 = 48.86 元 \times 3 \times 33\% = 48.37 元 \qquad 定额号 2\text{-}1420$$

③高层建筑增加费。高层建筑增加费是指建筑物高度在 6 层(不含 6 层)或 20 m(不含 20 m)以上的工业与民用建筑电气安装工程施工的人工降效增加费和材料、工具垂直运输增加的机械台班费用,施工用水加压泵的台班费用,工人上下班所乘坐的升降设备台班费用等,见表 6.1。

表 6.1　高层建筑增加费

层　数	9 层以下 (30 m)	12 层以下 (40 m)	15 层以下 (50 m)	18 层以下 (60 m)	21 层以下 (80 m)	24 层以下 (80 m)	27 层以下 (90 m)	30 层以下 (100 m)	33 层以下 (110 m)
按人工费的%	1	2	4	6	8	10	13	16	19
层　数	36 层以下 (120 m)	39 层以下 (130 m)	42 层以下 (140 m)	45 层以下 (150 m)	48 层以下 (160 m)	51 层以下 (170 m)	54 层以下 (180 m)	57 层以下 (190 m)	60 层以下 (200 m)
按人工费的%	22	25	28	31	34	37	40	43	46

【例】 某置业发展有限公司在某市南廓门开发建设兴庆苑 28 层住宅楼两幢,自室外地坪 -0.2 m 处至檐口总高度为 89.80 m(89.6 m+0.2 m),其中每幢楼电气设备安装人工费为 26.27 万元,试计算该两幢住宅楼的高层建筑增加费为多少。

【解】 将上述已知条件与表 6.1 对照得知:28 层大于 27 层而小于 30 层,89.8 m 小于 90 m,故该住宅楼的高层建筑增加费应按表 6.1 中"27 层以下(90 m)"档距人工费的经率 67% 计取,其中人工工资占 23%,机械费占 77%,则该电气安装工程高层建筑增加费计算如下:

$$M = 26.27 万元 \times 67\% = 17.90 万元$$

其中

$$P_N = 17.90 万元 \times 23\% = 4.12 万元$$

$$g_N = 17.90 万元 \times 77\% = 13.78 万元$$

④安装与生产同时进行增加费。安装与生产同时进行增加费,是指改扩建工程在生产车间或装置内施工,因生产操作或生产条件限制(如不准动火)干扰安装工作正常进行而降效的增加费用。安装与生产同时进行增加费费率为单位工程全部预算人工费的 10%,但不包括为了保证安全生产和施工所采取的措施费。

⑤在有害身体健康的环境中施工降效增加费。在有害身体健康的环境中施工增加费,是指在民法通则有关规定允许的条件下,改扩建工程由于车间、装置范围内有害气体、物质或高分贝的噪声超过国家标准以致影响身体健康而降效增加费用。其费率是为单位工程全部预算人工

费的 10%,但不包括劳动保护条例规定应享受的工种岗位保健费。上述两种费计算公式如下:

$$增加费用 = 单位工程全部预算人工费 × 10\%$$

【例】 某化工厂氯化车间扩建安装工程人工费预算总额为 7 8621.68 元,试计算安装与生产同时进行和在有害身体健康环境中施工增加费各为多少。

【解】 该两项费用按已知条件分别计算如下:

$$安装与生产同时增加费 = 78\ 621.68\ 元 × 10\% = 7\ 862.17\ 元$$
$$有害身体健康增加费 = 78\ 621.68\ 元 × 10\% = 7\ 862.17\ 元$$

实际工作中该两项费用也可合并一次性进行计算,即

$$安装与生产同时进行和有害身体健康增加费 = 78\ 621.68\ 元 × 10\% × 2 = 15\ 724.34\ 元$$

6.2.3 计算间接费

建筑安装企业为组织与管理电气安装工程施工所耗人力、物力的货币表现称为间接费。间接费是非生产性费用支出,它有助于工程实体的形成,而不构成工程实体的物质内容。按照建标[2003]206 号文件规定,间接费由规费和企业管理费组成。

(1)规费

规费是指政府和有关权利部门规定必须缴纳的有关费用,简称"规费"。规费属于不可竞争的一种费用。内容包括:工程排污费、工程定额测定费、社会保障费(养老保险费、失业保险费、医疗保险费)、住房公积金、危险作业意外伤害保险费 5 项内容。

(2)企业管理费

企业管理费用是指建筑安装企业进行施工生产和经营管理所耗人力、物力的货币表现。内容包括:管理人员工资、办公费、差旅交通费、职工教育经费、财产保险费、财务费税金和其他等 12 项内容。

(3)计算间接费的方法

间接费的计算方法按取费基础的不同分为以下 3 种:

①以直接费为计算基础。以直接费为基础的计算方法主要适用于一般土建工程,计算公式如下:

$$间接费 = 直接费合计 × 间接费费率(\%)$$

②以人工费和机械费合计为计算基础。这种计算方法有利于克服建筑安装材料价格波动对计取间接费额多少的影响,计算公式如下:

$$间接费 = (人工费 + 机械费) × 间接费费率(\%)$$

③以人工费为计算基础。以人工费为基础计算间接费的方法,主要适用于各种专业的安装工程、人工土方工程和装饰装修工程等,计算公式如下:

$$间接费 = 单位工程人工费合计 × 间接费费率(\%)$$

6.2.4 计算利润

建筑安装工程施工是一种兴工动料的生产活动,建筑安装工人在这一施工生产活动中的劳动,既是具体劳动,又是抽象劳动,建筑安装工人的劳动作为具体形式的劳动,运用自己的劳动技能,借助一定的劳动资料,改造劳动对象,创造出适用于社会需要的具有使用价值的建筑产品。同时,建筑安装工人的劳动作为抽象劳动,一方面把已消耗的生产资料的价值,这部分价值除去用于总价值中;另一方面,又创造出新的价值,这部分价值除去用于补偿建筑安装工

人生活资料消耗的部分外,剩余部分就形成了企业的盈利。

利润在编制工程(概)算及工程招标标底时计入工程造价,但材料实际价格与预算价格的价差不应列入计算利润的基数内。

建筑工程的利润,按预算直接工程费、措施项目费、间接费之和为基数计算;安装工程的利润,按预算直接费中的人工费总和为基数乘以利润率计算。

· 6.2.5 计算税金 ·

税金,指纳税义务人(单位和个人)按照国家法律的规定,向国家缴纳的经营收入额一定比例的货币价值,即商品生产经营者为社会劳动提供的部分劳动价值的货币表现。税金是国家财政收入的主要来源,是国家依靠政治权力取得收入的主要手段,是国家参与国民收入的分配和再分配所形成的分配关系。一切税收都具有以下特征:

①强制性。税收的强制性是指税收是以法律形式规定的,纳税人必须按照税法规定向国家纳税,否则,就要受到法律制裁。税收的强制性,是国家财政收入的可靠保证。

②无偿性。国家通过税收的形式,对一部分社会产品不付任何代价或报酬。

③固定性。国家对什么征税、征多少、由谁纳税、什么时间纳税,都以法律的形式作出规定,这种规定任何单位和个人不得随意改变,征纳双方有着共同遵守的征纳规定,只能按照规定标准征收,纳税人也必须按规定如数缴纳。所以,税收和其他财政收入相比,受外部客观因素影响较小,收入比较固定。只有同时具备这三个特征才能构成税收。建筑安装工程价格中的税收,同样也具有上述特征。

根据我国现行税法的规定,应计入建筑安装工程造价内的税金有营业税、城市维护建设税和教育费附加3项内容。按照规定,应计入建筑安装工程造价的税金是以直接工程费、间接费、利润及材料价差4项数值的和数为基数计算的。

· 6.2.6 计算单位工程含税造价 ·

计算单位工程含税造价不是简单地将前述各项费用相加而得。这是因为改革开放30年来,我国各项改革的步步深入,为使建筑安装工程造价趋于合理和适应社会主义市场经济的需要,建筑安装工程造价费用项目的构成也进行着不断的调整,存在工程造价费用项目的增多或减少、调价系数的升降、有关取费系数基础的更改、某些费用数值参与或不参与有关费用的计算等问题,所以不能按简单的方法把各项费用相加求得某一单位工程的预算总造价,而必须按照一定的程序进行。所谓程序,就是按照各项费用的先后顺序进行相加。如果不按照规定顺序进行,求得的含税工程总造价将是不准确的或者说是错误的。为此,各地区、各部门(行业)都规定有建筑安装工程预算造价的计算程序,编制单位工程预算书时,必须按照工程建设项目所在地规定进行计算,而不得各行其是。

单位工程预算价的计算具体步骤和方法介绍如下。

1)不含税工程造价计算

当一个单位工程的定额项目直接工程费、措施项目费、间接费、利润等各项费用计算完成后,则可着手计算不含税工程造价。电气设备安装工程不含税造价计算公式是:

$$P = A + B + C + D$$

式中　P——不含税工程造价;

　　　A——直接费(直接工程费+措施项目费+按系数计算的费用);

B——间接费;

C——贷款利息;

D——利润。

不含税工程造价费用项目的构成并不完全相同,如上式中的贷款利息一项为陕西省的规定,而其他地区并不一定也包括有"贷款利息"这个项目。所以,上文所说必须按照工程所在地规定进行计算的原因就在于此。

2)计算含税工程造价

按照建筑安装工程造价形成的先后次序,含税工程造价的计算必须是在不含税工程造价的基础上才能求得,因此,在完成不含税工程造价的计算任务后,即可进行含税工程造价的计算。方法如下:

$$含税工程造价 = 不含税工程造价 + 税金额$$

或

$$含税工程造价 = 不含税工程造价 \times (1 + 折算税率)$$

应当指出,由于当前工程量清单计价和工程定额计价两种计价模式并存,含税工程造价的计算,各省、自治区、直辖市或国务院各有关部门的具体规定也是不相同的,例如某省规定是在求得不含税造价后,再加上养老保险统筹费、4项保险费等有关费用的和数后乘以税率得出税金额,然后再相加才可求出含税工程造价。

3)含税工程造价计算程序

由于当前工程量清单计价和工程定额计价两种模式并存,而且,有些费用在消耗定额中的规定与建标[2003]206号文件的规定不一致,这给造价工作造成许多不知情的情况,但为了便于大家了解含税工程造价的计算方法,现将某省现行工料单价法计算设备安装工程造价取费程序列于表6.2中。

表6.2　安装工程造价计算程序

序　号	费用项目	计算方法
(一)	直接工程费	$\sum$(分部分项工程量×工料单价)
	(1)其中人工费	$\sum$(分部分项工程量×人工费单价)
(二)	施工技术措施费	$\sum$(措施项目工程量×工料单价)
	(2)其中人工费	$\sum$(措施项目工程量×人工费单价)
(三)	施工组织措施费	$\sum$[(1+2)]相应费率
(四)	综合费用(企业管理+利润)	[(1)+(2)]×相应费率
(五)	规费	[(1)+(2)]×相应费率
(六)	总承包服务费	分包项目工程造价×相应费率
(七)	税金	[(一)+(二)+(三)+(四)+(五)+(六)]×相应税率
(八)	建设工程造价	(一)+(二)+(三)+(四)+(五)+(六)+(七)

· *6.2.7   计算单位工程主要材料需要量* ·

计算主要材料需要量,就是根据预算定额中所列材料品种和消耗量指标,计算出需要计算的主要材料耗用数量,然后经过汇总求得一个单位工程所需某些材料的总用量。主要材料需要量可用计算式表达为:

某种材料需要量 = 分项工程数量 × 相应材料定额消耗指标

材料需要量应采用表格进行计算。材料需要量计算的目的:一是调整主要材料预算价格差价;二是提供试验用材料采购计划编制依据。

· *6.2.8   编写单位工程预算编制说明* ·

单位工程预算"编制说明"没有固定内容,应根据单位工程的实际情况编写。就一般情况来说,主要应说明该单位工程的概况,如建筑面积、结构特征、供电方式、电压等级等;编制依据;单位工程总造价及单方(m^2 或 m^3)造价;主要材料需要数量;材料价差处理方法以及应说明的其他有关问题等。

· *6.2.9   填写单位工程预算书封面、装订、复制、发送* ·

填写单位工程预算书封面、装订、复制、发送,至此,一份单位工程预算编制完毕。

6.3   定额计价案例

1)土建工程概况

本工程为一临街综合楼中的餐馆部分,整体建筑为框架结构,餐馆部分底层层高 4.5 m,二、三层层高 3.6 m,餐馆共计 3 层。底层为大堂,设置有消防控制室、接待区等;二层、三层为餐馆分隔包厢。

2)设计说明

①本火灾自动报警系统设计只涉及综合楼中的餐馆部分。

②本工程采用陆和消防保安设备厂生产的二总线智能火灾报警联动一体机,控制器设在一层。

③报警线路采用阻燃型铜芯导线,穿电线管和金属软管敷设。

④手动报警按钮安装高度距地 1.5 m,声光报警安装高度距地 1.8 m。

⑤系统接地利用本建筑物共用接地体,接地电阻≤1 Ω,接地导线截面≥16 mm^2。

⑥安装施工执行国家消防有关规范及施工验收规范。

3)主要设备材料表

表中的主要设备材料为该分项工程中主要设备材料的数量,其他设备材料按施工图纸统计计算。

4)火灾自动报警系统图

图 6.1 中的系统图为该餐馆的火灾自动报警系统图。系统图中表明了每一层消防设备的

组成及相对应的数量;标明了导线和型号、规格及配管的型号和规格;电源的配置情况及火警信息传输方式;系统图中确定模块的数量。

5)火灾自动报警系统平面图

①底层火灾自动报警平面图,如图 6.2 所示。底层平面图能知道各火灾探测器、手动报警按钮、声光报警器等在建筑平面上安装的具体位置,报警连动控制一体机安装的位置,线路的走向,垂直配线、配管的具体位置等。

②二、三层火灾自动报警平面图,如图 6.3 和图 6.4 所示。三层平面图同上一样能知道各火灾探测器、手动报警按钮、声光报警器等在建筑平面上安装的具体位置,线路走向,垂直配线、配管的具体位置等。

通过火灾自动报警系统平面图识读,结合施工方案可分析、确定接线盒的数量,各类配管、配线的长度等。

6)工程量计算

工程量计算只涉及餐馆部分火灾自动报警系统,其中配线、配管部分的工程量计算详见第4 章。餐馆部分火灾自动报警系统工程量计算见表 6.3。

表 6.3 工程量计算

序号	定额编号	项目名称	单 位	计算式	数 量
1	7-44	报警连动一体机 LH160-128	台	控制室 1	1
2	7-66	备用电源 LH01C	台	控制室 1	1
3	7-6	感烟探测器 JTY-LZ-881	只	一层 13+二层 23+三层 33 = 69	69
4	7-12	手动报警按钮 LH465	只	一层 1+二层 3+三层 3 = 7	7
5	7-14	模块	只	控制模块(每层 3 个)9+信号模块(每层一个)3 = 9+3 = 12	12
6	7-50	声光报警器 LH10	只	一层 1+二层 2+三层 2 = 5	5
7	2-1377	接线盒	10 个	按全统预算定额第二册统计方法共计 127 个 127/10 = 12.7	12.7
8	2-1154	φ20 金属软管	10 m	按全统预算定额第二册工程量计算方法合计 65 m 65/10 = 6.5	6.5
9	2-981	电线管暗敷 TC15	100 m	按全统预算定额第二册工程量计算方法合计 471 m 471/100 = 4.71	4.71
10	2-1214	管内穿线 ZR-VRS×1.5	100 m	按全统预算定额第二册工程量计算方法合计 565 m 565/100 = 5.65	5.65
11	7-195	系统调试	系统	1	1

说 明

1.本工程的消防自动报警系统采用北京陆和消防保安设备厂生产的二总线智能火灾报警联动控制器,报警控制器设在一楼消控室。

2.线路采用阻燃铜芯线穿电线管敷设,手动报警按钮安装高度距地1.5 m,声光报警器距地1.8 m安装。

3.系统采用共用接地体,接地电阻不大于1 Ω,接地导线截面不小于1.6 mm²。

4.安装施工应符合国家有关消防规范和消防设备施工验收标准。

主要设备材料表

序号	名 称	规 格	图 例	单位	数量	备 注
1	报警联动主机	LH160X		套	1	
2	联动电源盘			套	1	
3	感烟探测器	LH210		只	69	
4	手动报警按钮	LH465B		只	7	
5	声光报警器	LH10		只	5	
6	控制模块	LH448B	CM	只	9	
7	信号模块	LH448A	M	只	3	
8	消火栓按钮			只		

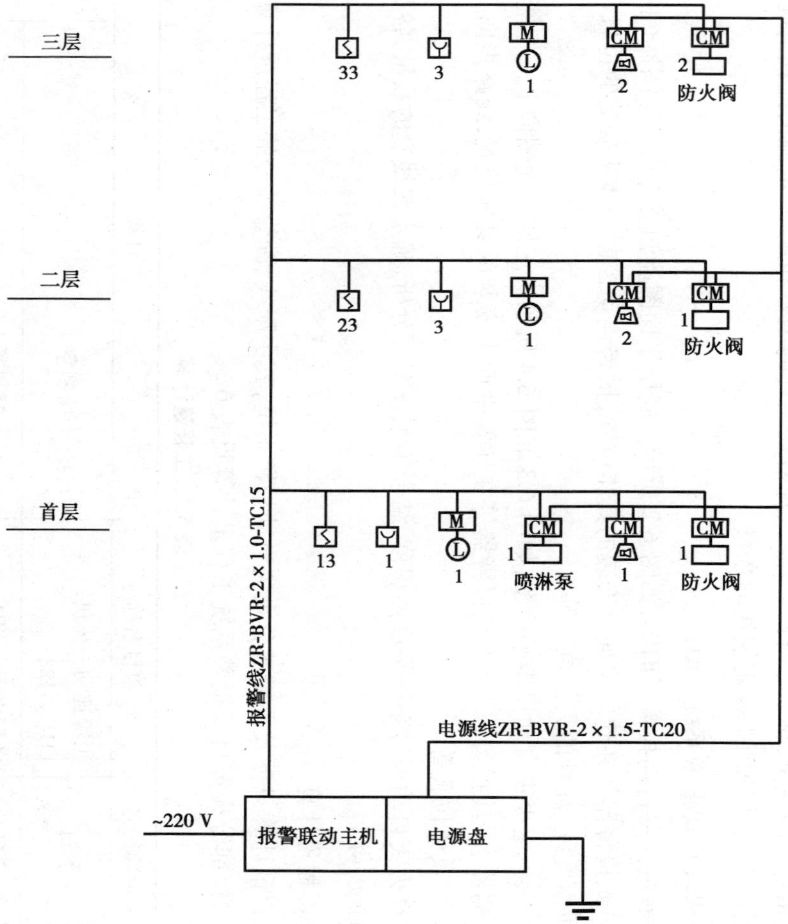

图6.1 某餐馆火灾自动报警系统设计说明、主要设备材料表、火灾自动报警系统图

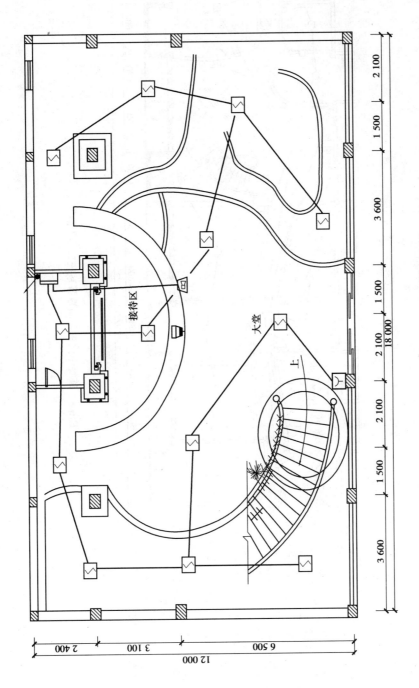

图6.2　某餐馆火灾自动报警系统一层平面图

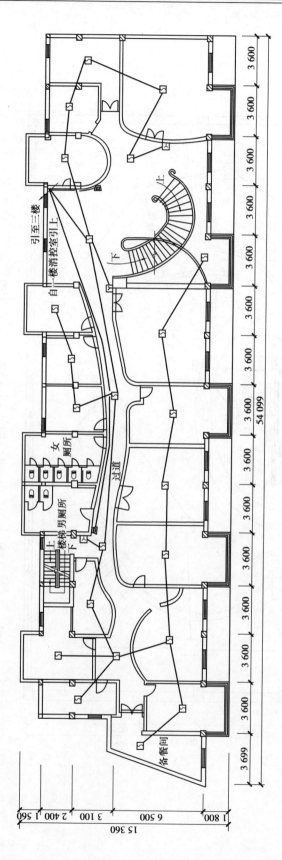

图6.3 某餐馆火灾自动报警系统二层平面图

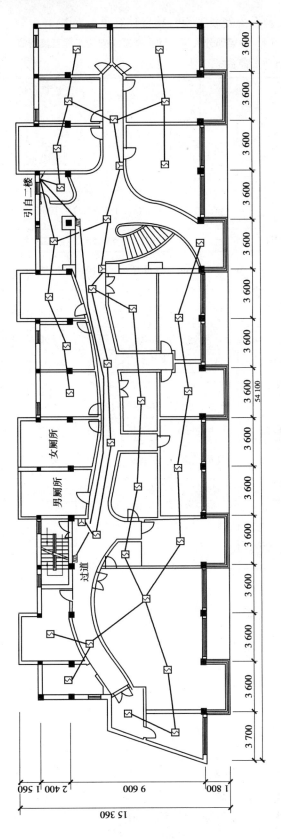

图6.4 某餐馆火灾自动报警系统三层平面图

餐馆部分火灾自动报警系统安装工程直接费计算见表6.4。

表 6.4 餐馆部分火灾自动报警系统安装工程直接费表

工程名称:某餐馆部分火灾自动报警系统

序号	定额编号	项目名称	单位	数量	预算价值(元)					
					单位价格			总价值		
					安装工程			安装工程		
					主材	安装费	其中工资	主材	安装费	其中工资
1	7-44	报警联动控制器 LH-160-128	台	1	18 060	1 305.02	1 100.4	18 060	1 305	1 100
2	7-66	备用电源 LH01C	台	1	812	33.55	23.22	812	34	23
3	7-6	感烟探测器 JTY-LZ-881	只	69	271.6	19.19	13.7	18 740	1 324	945
4	7-12	手动报警按钮 LH465	只	7	459.2	28.48	19.97	3 214	199	140
5	7-14	模块	只	12	334.6	73.7	55.96	4 015	884	672
6	7-50	声光报警器 LH10	只	5	350	34.78	28.33	1 750	174	142
7	2-1377	消防专用接线盒	10 个	12.7	42	31.99	10.45	533	406	133
8	2-1154	φ20 金属软管	10 m	6.5	30.28	173.64	73.61	200	1 129	478
9	2-981	电线管暗敷 TC15	100 m	4.71	175.51	177.9	128.41	827	838	605
10	2-1214	管内穿线 ZR-RVS-2×1.5	100 m	5.65	137.68	30.7	19.27	778	174	109
11	7-195	系统调试	系统	1		3 782.89	2 480.82	0	3 783	2 481
		小计						48 931	10 250	6 828
		脚手架搭拆费							341	85
		直接费						59 522		

本案例只计算出工程直接费用,其工程造价根据当地当时费用定额,按规定计算程序进行计算。

复习思考题 6

1.采用定额计价的安装工程的费用组成有哪些?

2.采用定额编制单位工程预算的步骤是什么?

3.安装工程直接费包含哪些内容?

4.安装工程间接费如何进行计算?

5.计算安装工程主要材料需要量要考虑哪些问题?

6.试依据下列工程取费表的数据完善下表中内容,并确定该电气工程含税造价。

序号	费用名称	计算公式	费率%	金额(元)	备　注
一	直接费	1+2+3			
1	直接工程费	1.1+1.2+1.3			
1.1	人工费			30 612.91	
1.2	材料费			16 831.69	
1.3	机械费			4 058.63	
2	组织措施费	2.1+…+2.9			
2.1	环境保护费	(1.1)×费率	1.000		
2.2	临时设施费	(1.1)×费率	19.940		
2.3	夜间施工费	(1.1)×费率	8.330		
2.4	冬雨季施工增加费	(1.1)×费率	6.550		
2.5	二次搬运费	(1.1)×费率			
2.6	包干费	(1.1)×费率	3.000		
2.7	已完工程及设备保护费	(1.1)×费率	4.000		
2.8	工程定位复测、点交及场地清理费	(1.1)×费率	0.640		
2.9	材料检验试验费	(1.1)×费率			
3	允许按实计算费用及价差	3.1+3.2+3.3+3.4			
3.1	人工费价差			27 147.85	
3.2	材料费价差			748 732.83	
3.3	按实计算费用				
3.4	其他				
二	间接费	4+5			
4	企业管理费	(1.1)×费率	56.400		
5	规费	(1.1)×费率	28.830		
三	利润	(1.1)×费率	30		
四	安全文明施工专项费	按文件规定计算	9		
五	税金	(一+二+三+四)×费率	3.48		
六	工程造价	(一+二+三+四+五)			

7 电气工程造价的校审与管理

7.1 单位工程预算造价的校审

· 7.1.1 校审的意义 ·

电气安装工程造价的确定,是一项技术性和政策性都很强的技术经济工程,计算中难免会发生一些差错。为了保证工程造价质量,合理使用建设资金,必须认真做好单位工程造价的校审工作。

电气安装工程造价校审,是指对通过编制施工图预算(或初步设计概算)所确定的单位工程造价,进行全面系统的检查和复核,以纠正存在的错误和问题,使之更加确切和合理。因此,设计单位、施工单位加强电气安装工程施工图预算造价的校审,对提高施工图预算的准确性、合法性和正确贯彻执行党的有关方针政策、降低工程成本、节约建设资金等方面,都具有重要的经济意义。

①有利于贯彻落实科学发展观和中国特色社会主义经济建设方针政策的实现。

②有利于合理确定工程造价,提高经济效益。

③有利于国家工程建设管理制度的贯彻执行。

④有利于建筑市场平等竞争的开展。

⑤有利于设计单位的工程技术人员树立和增强经济观念,不搞脱离国情设计。

⑥有利于建设单位(业主)勤俭持家。

⑦有利于促进施工单位加强经营管理,不断优化工程成本。

⑧有利于积累数据,建立和分析各项技术经济指标,不断提高设计水平、施工水平和经营管理水平。

· 7.1.2 校审的要求 ·

施工图预算造价校审是保证工程造价质量的首要环节,所以,施工图预算编制单位对所编制的每一单位工程预算必须严格的校审,做到自我发现、自我改正、自我把关,将差错消灭在单位内部,才能使发出的预算顺利地通过审查关。因此,每一单位工程预算完成后,应执行自校、校核、审核三道程序,以确保其准确性。

自校:自我校对。每个单位工程预算或者主要项目计算完成后,编制者要自觉检查一下自己所编预算或项目计算有无漏算或重算,工程数量、预算单价、取费标准、计算程序、费用项目等是否正确,发现疑点及时查找和改正,做到基本无差错。

校核:校对与核算。校对单位工程预算中项目内容是否符合设计要求,工程量计算、定额套用、费用项目、计算程序等是否正确与齐全。依据校对的结果复核一下预算书中各项数值计算的结果有无差错,如果发现了差错,填写在"概预算校核意见卡"(表7.1)中,待本单位工程预算校核完后,一次性向编制者作出交代或进行商讨。

表 7.1 施工图预算校审意见卡

序号	项目或部位	意见内容	处理情况
1	一层通车道	吸顶灯三个,漏计	已改
2	二层大会议室	吊风扇多计一个	已改
3	预算书第一页	动力配电箱定额号非 2-483,应为 2-438	已改
4	预算书第二页	定额号 2-949 中,人工费非 29.12 应为 21.92	已改
5	预算书第三页	税金计算式有误(非 3.38%)	经核对 3.38%正确

校审人:_____

校核应针对编制人的业务素质及个人特点进行,不可千篇一律。对业务素质好者做重点性校核。什么是重点,应结合具体工程项目而定,比如电气室内照明安装,灯具、线路敷设、管内配线等就是重点。对业务素质差者可全面地进行校对与核算。应当纠正那种以人事关系代替校核原则,即疏我者严,亲我者松的校核方法。校核是纠正差错、提高质量的重要环节,施工图预算的各编制单位务必重视,切勿感情用事,贻误工作。

审核:指某一单位工程预算校核完毕并经编制人修改后,提交业务主管人员审核。审核的粗细程度应结合本单位具体情况而定,即本单位预算人员多、业务素质好,则审核可粗些;预算人员少、业务素质差,审核就要细些。审核是编制预算工作的最后环节,应对所编制预算单位造价、总造价、各项取费是否正确和符合程序,预算文件是否齐全(一般包括编制说明、预算书、材料分析汇总表、补充单位估价表等),编制说明是否清楚扼要,各项数据是否符合逻辑,前后左右有无矛盾。审核人一定要做到外发预算完整、齐全,造价正确、可靠。

· *7.1.3 校审的内容* ·

实际工作中一份单位工程预算的校核内容主要包括以下几个方面:

1)校审工程量

校审工程量,就是校对与审查各分部分项工程计算尺寸、数量与图示尺寸、数量是否相同,计算方法是否符合"工程量计算规则"要求,计算内容是否漏算、重算和错算。校审工程量要抓住那些数量大、预算单价高的分项工程进行。例如,电气安装工程的控制设备及低压电器、滑触线装置、电缆、配管配线、照明器具等分部分项工程的工程量应进行详细审查,其余有关分部分项工程量可做一般性审查。同时要注意各分项工程的材料标准、构件数量以及施工方法是否符合设计要求。为审查好分项工程量,校审人员必须熟悉定额说明、工程内容、工作内容、工程量计算规则等基础知识,并具有熟练的识图能力。

2）校审预算单价

校审预算单价，就是校对与审查各分部分项工程定额基价的套用及换算是否正确，有没有套错或换错定额单价。计量单位与定额规定小数点有没有点错位置等。校审时应注意以下几点：

①是否错列已包括在定额内容中的项目。

②定额不允许换算的项目是否进行了换算。

③定额允许换算的项目其换算方法是否正确。

定额单价换算方法可用计算式表示如下：

定额换算单价 = 定额预算单价 − 定额某种材料价值 + 某种材料实际价值

式中

定额某种材料价值 = 某种材料消耗量 × 相应材料预算价格

某种材料实际价值 = 某种材料消耗量 × 相应材料实际价格

3）校审直接工程费

已经校审过的分项工程量与预算单价两者相乘之积以及各个积数相加之和（工程量×预算单价）是否正确。直接工程费是计算措施费、间接费的基础数据，校审人员务必细心、认真地逐项计算。

4）校审各种应取费用

应该计入建筑安装工程造价中的一些有关费用统称"应计取费用"或"应取费用"。计价模式不同（综合单价法、工料单价法），应取费用的内容也不相同。以"工料单价"法计价来说，应取费用主要有措施费、规费以及定额规定按系数计算的各项费用等。在电气安装工程造价中，各种应取费用约占工程直接费30%，是电气工程预算造价的重要组成部分，所以校审各种应取费时，应注意以下几点：

①采用的费用标准是否与工程类别符合，选用的标准与工程性质是否相符合。

②计费基数是否正确。例如：某省现行"间接费定额"的计费基数除人工土石方工程和设备安装是以人工费为计算基数外，其余各项工程均以直接工程费为计算基数。

③有无多计费用项目。例如，远地施工增加费，它是指施工企业远离企业驻地25 km以上承担施工任务时需要增加的费用，但根据现行文件规定，该项费用项目不再作为费用定额的组成内容，实际发生时，是否计取由甲、乙双方自行商定后在合同中加以解决。

5）校审利润

根据建设部、财政部（建标［2003］206号）文件规定，利润的计取可分为"工料单价法"和"综合单价法"计取程序两种，而这两种方法中，以人工费或人工费加机械费为基础的具体计算方法分述如下：

（1）"工料单价法"是以人工费或以人工费和机械费之和为计算基础的利润计算

利润 =（直接工程费中的人工费 + 措施费中的人工费）× 规费利润率（%）

利润 =（直接工程费中的人工费和机械费 + 措施费中的人工费和机械费）× 规定利润率（%）

（2）"综合单价法"是以人工费或人工费和机械费为计算基础的利润计算

利润 = 人工费 × 规定利润率（%）

利润 =（人工费 + 机械费）× 规定利润率（%）

注:①人工费与机械费均指直接工程费中的人工费和机械费。

②综合单价法的"综合单价"中包括了利润的因素,但其计算方法应该掌握。

校审利润,就是看一看它的高处基础和利率套是否错了,计算结果是否正确等。

6)校审建筑营业税

国家规定,从1987年1月1日起,对国营施工企业承包工程的收入征收营业税,同时以计征的营业税额为依据征收城市维护建设税和教育费附加。建筑安装企业应纳的税款准许列入工程预(概)算。鉴于城市维护建设税和教育费附加均以计征的营业税额为计征依据,并同时缴纳,其计算方法是按建筑安装工程造价计算程序计算出完整工程造价后(即直接费+间接费+利润+材料差价4项之和)作为基数乘以综合折算税率。由于营业税纳税地点的不同,计算程序复杂,校审中应注意下列几点:

①基数是否完整。通常情况下是以"不含税造价"为计算基础,即直接费+间接费+利润+……

②纳税人所在地的确定是否正确,如某建筑公司驻地在西安市,承包工程在延安地区某县,则纳税人所在地应为延安地区某县,而不应确定为西安市。

③计税率选用的是否正确(纳税人所在地在市区的综合折算税率为3.412%;在县城、镇的为3.348%;不在市区、县城或镇的为3.220 5%)。

7)校审预算造价

单位工程预算造价 = 直接费 + 间接费 + 各项应取费用 + 利润 + 税金

式中 　　　　　　直接费 = 直接工程费 + 措施费

直接工程费 = 人工费 + 材料费 + 机械费

· *7.1.4 校审方法* ·

校审电气安装工程预算应根据工程项目规模大小、繁简程度以及编制人员的业务熟练程度决定。校审方法有全面校审、重点校审、指标校审和经验校审等。

1)全面校审

全面校审是指根据施工图纸的内容,结合预算定额各分部分项中的工程子目,一项不漏地逐一地全面校审的方法。其具体方法和校审过程就是从工程量计算、单价套用,到计算各项费用,求出预算造价。

全面校审的优点是全面、细致,能及时发现错误,保证质量;缺点是工作量大,在任务重、时间紧、预算人员力量薄弱的情况下一般不宜采用。

对一些工程规模较小、结构比较简单的工程,特别是由民营建筑队承包的工程,由于预算技术力量差,技术资料少,所编预算差错较大,应尽量采用全面校审法。

2)重点校审

重点校审是相对全面校审而言,即只校审预算书中的重点项目,其他不审。所谓重点,就是指那些工程量大、单价高、对预算造价有较大影响的项目。在工程预算中是什么结构,什么就是重点。如电气工程中的配电装置、母线、绝缘子、电缆、配管配线、照明器具安装等就是重点。校审预算时,要根据具体情况灵活掌握,重点范围可大可小,重点项目可多可少。

对各种应取费用和取费标准及其计算方法(以什么作为计算基础)等,也应重点校审。由于施工企业经营机制改革,有的费用项目被取消,费用划分内容变更,新费用项目出现,计算基础改变等,因此各种应取费用的计算比较复杂,往往出现差错。

重点校审的优点是对工程造价有影响的项目得到了校审,预算中的主要问题得到了纠正;缺点是未经校审的那一部分项目中的错误得不到纠正。

3)指标校审

指标校审是把校审预算书的造价及有关技术经济指标和以前审定的标准施工图或复用施工图的预算造价及有关技术经济指标相比较。如果出入不大,就可以认为本工程预算编制合格,不必再作校审;如果出入较大,即高于或低于已审定的标准设计施工图预算的10%,就需通过把分部分项工程进行分解,边分解边对比,哪里出入大,就进一步校审哪一部分。对比时,必须注意各工程项目内容及总造价的可比性。如有不可比之处,应予剔除,经这样对比分析后,再将不可比因素加进去,这样就找到了出入较大的可比因素与不可比因素。

校审的优点是简单易行、速度快、效果好,适用于规模小、结构简单的一般民用住宅工程等,特别适用于一个地区或民用建筑群采用标准施工图或复用施工图的工程;缺点是虽然工程结构、规模、用途、建筑等级、建筑标准相同,但由于建设地点不同,运输条件不同,能源、材料供应等条件不同,施工企业性质及级别的不同,其有关费用计算标准等都会有所不同,这些差别最终必然会反映到工程造价中来。因此,用指标法校审工程预算,有时虽与指标相符合,但不能说明预算编制没问题,有出入,也不一定不合理。所以,指标校审,对某种情况下的工程预算校审质量是有保证的。在另一种情况下,只能作为一种先行方法,即先用它匡算一下,根据匡算的结果,再决定采用哪种方法继续校审。

4)经验校审

经验校审是指根据以往的实践经验,校审那些容易产生差错的分项工程的方法。

分项工程易产生差错的有:

①软母线安装预留长度和硬母线配置安装预留长度漏计或软硬母线预留长度未作区分而采用同一预留数值等。

②电缆敷设长度计算方法为:

$$L = (l_1 + l_2 + l_3) \times (l + 2.5\%) + l_4 + l_5$$

注:上式中 L 及 l_1、l_2……的含义见本书前述。

③各种配管工程量本应不扣除管路中间的接线箱(盒)、灯头盒、开关盒所占长度。

④各项应取费用的计算基础及费率取定。

综上所述,校审电气安装工程预算造价同确定工程造价一样,也是一项既复杂又必须认真、细致的工作。对某一具体工程的校审,到底采用哪种方法,应根据预算编制单位内部的实际情况综合考虑确定。一般原则是:采用新材料、新技术、新工艺较多的工程要细审;对从事造价确定工作时间短、业务比较生疏的造价人员所编制的造价文件要细审;反之则可粗略些。

电气安装工程预算造价校审方法除上述几种外,尚有分组计算校审法、筛选校审法、分解对比法等,这里不再一一叙述。

· 7.1.5 校审步骤 ·

①做好校审前的准备工作。实际中这项工作一般包括熟悉资料(定额、图纸)和了解预算

造价包括的工程范围等。

②确定校审方法。校审方法的确定应结合工程结构特征、规模大小、设计标准,编制单位的实际情况以及时间安排的紧迫程度等因素进行确定。一般来说,可以采用单一的某种校审方法,也可以采用几种方法穿插进行。

7.2 单位工程结(决)算的校审

· *7.2.1 工程结算与决算的概念* ·

工程竣工结算简称"工程结算",它是指建筑安装工程竣工后,施工单位根据原施工图预算,加上补充修改预算向建设单位(业主)办理工程价款的结算文件。单位工程竣工结算是调整工程计划、确定工程进度、评估工程建设投资效果和进行成本分析的依据。

工程竣工决算简称"工程决算"。它是指建设单位(业主)在全部工程或某一期工程完工后由建设单位(业主)编制,反映竣工项目的建设成果和财务情况的总结性文件。建设项目竣工决算是办理竣工工程交付使用验收的依据,是竣工报告的组成部分。竣工决算的内容包括竣工工程概况表、竣工财务决算表、交付使用财产总表、交付使用财产明细表和文字说明等。它综合反映工程建设计划和执行情况,工程建设成本、新增生产能力及定额和技术经济指标的完成情况等。

· *7.2.2 工程结(决)算的主要方式* ·

根据中华人民共和国财政部、建设部《建设工程价款结算暂行办法》的规定,工程价款结算应按合同约定办理,合同未作约定或约定不明的,发、承包双方应按下列规定与文件协商处理:

①国家有关法律、法规和规章制度。

②国务院建设行政主管部门、省、自治区、直辖市或有关部门发布的工程造价计价标准、计价办法等有关规定。

③建设项目的合同、补充协议、变更签证和现场签证以及经发、承包人认可的其他有效文件。

④其他可依据的材料。

由于招标投标承建制和发承包承建制的同时存在,所以我国现行工程价款的结(决)算方式主要有以下几种:

(1)按月结算与支付

按旬末或月中预支,月终结算,竣工后清算的方法。合同工期在2个年度以上的工程,在年终进行工程盘点,办理年度结算。我国现行工程价款的结算,有相当一部分是这种结算方式。

(2)分段结算与支付

当年开工、当年不能竣工的工程按照工程进度,划分不同阶段进行结算(如基础工程阶段、砌筑浇筑工程阶段、封顶工程阶段、安装工程阶段等)。具体划分标准,由各部门、各地区规定或甲、乙双方在合同中加以明确。

（3）竣工后一次结算

建设项目或单项工程全部建筑安装工程建设期在一年以内，或者工程承包合同价值在100万元以下的，可以实行工程价款每月月中预支，竣工后一次结算。

（4）其他结算方式

双方约定并经开户银行同意的结算方式。

根据规定，不论采用哪种结算方式，必须坚持实施预付款制度，甲方应按施工合同的约定时间和数额，及时向乙方支付工程预付款，开工后按合同条款约定的扣款办法陆续扣回。

· 7.2.3　工程结（决）算校审的内容 ·

单位工程结（决）算校审的内容，与7.1节单位工程预算校审的内容基本相同，不再重述。

单位电气工程结（决）算校审的方法，与7.1节单位工程施工图预算的校审方法一样，也是采用全面校审、重点校审、指标校审等。对结（决）算编制单位内部而言，具体采用哪一种方法，应结合本单位管理制度和编制人员的实际情况灵活掌握，但对于施工单位报送给建设单位（业主）的结（决）算，建设单位（业主）必须指定业务骨干人员进行全面审核，这是由于有些施工单位所编的结（决）算中存在诸多"怪现象"，诸如只增不减，只高不低，偷梁换柱，玩弄手法，自作小聪明等现象，这在实际工作中屡见不鲜。由于工程结（决）算不仅是给建筑产品进行最终定价，而且涉及甲乙双方的切身经济利益，除必须采取全面审核外，还必须严格把好以下几项关键。

1）注意把好工程量计算审核关

工程量是编制工程项目竣工结算的基础，是实施竣工结算审核的"重头戏"，电气安装工程工程量计算比较复杂，是竣工结算审核中工作量最大的一项工作。因此，审核人员不仅要具有较多的业务知识，而且要有认真负责和细致的工作态度，在审核中必须以竣工图及施工现场签证等为依据，严格按照清单项目计算规则或定额工程量计算规则逐项进行核对检查，看看有无多算、重算、漏算和错算现象。实际工程中，施工企业在工程竣工结算上以虚增工程量来提高工程造价的现象普遍存在，已引起建设单位的极大关注，很重要的一个原因就是建设单位审核人员疏忽导致了造价的失真，使施工企业有机可乘。他们在竣工结算中只增项不减项或只增项少减项，特别是私营建筑安装企业和城镇街道建筑安装队在这方面尤为突出。他们抱着侥幸心理，一旦建设单位查到了就核减，没查到就获利，由于想多获利，在竣工结算中能算尽量多算，不能算也要算，鱼目混珠，人为地给工程量审核工作带来了很大的困难。所以，审核人员必须注意到竣工图等依据上的"死数据"与施工现场调查了解的"活资料"进行对比分析，找出差距，挤出工程量中的"水分"，确保竣工结算造价的真实性和可靠性。

2）注意把好现场签证审核关

所谓现场签证是对施工图中未能预料到而在实际施工过程中出现的有关问题的处理，而需要建设、施工、设计三方进行共同签字认可的一种记事凭证。它是编制竣工结算的重要基础依据之一。现场签证常常是引起工程造价增加的主要原因。有些现场施工管理人员怕麻烦或责任心不强，随意办理现场签证，而签证手续并不符合管理规定，使虚增工程内容或工程量扩大了工程造价。所以，在审核竣工结算时要认真审核各种签证的合理、完备、准确性和规范性，看现场三方代表(设计、施工、监理)是否签字,内容是否完备和符合实际,业主是否盖章,承包方的公章是否齐全,日期是否注明,有无涂改等。具体方法是:先审核落实情况,判定是否应增加;先判定是否该增加费用,然后再审定增加多少。

办理现场签证应根据各建设单位或业主的管理规定进行,一般来说,办理现场签证必须具备下列4个条件:

①与合同比较是否已造成了额外费用增加;

②造成额外费用增加的原因不是由于承包方的过失;

③按合同约定不应由承包方承担的风险;

④承包方在事件发生后的规定时限内提出了书面的索赔意向通知单。

符合上述条件的,均可办理签证结算,否则不予办理。

3)注意把好定额套用审核关

《全国统一安装工程预算定额》第二册单位估价表是计算电气安装定额项目直接工程费的依据。但由于地区估价表中的"基价"具有地区特点,所以在审核竣工结算书工程子目套用地区单位估表基价时,应注意估价表的适用范围及使用界限的划分,分清哪些费用在定额中已作考虑,哪些费用在定额中未作考虑,需要另行计算等,以防止低费用套高基价定额子目或已综合考虑在定额中的内容,却以"整"化"零"的办法又划分成几个子目重复计算等,因此,审查定额基价套用、掌握设计要求、了解现场情况等,对提高竣工结算的审核质量具有重要指导意义。

4)注意严格把好取费标准审核关

取费标准,又称应取费用标准。应取费用的含义是:建筑安装企业为了生产建筑安装工程产品,除了在该项产品上直接耗费一定数量的人力、物力外,为组织管理工程施工也需要耗用一定数量的人力和物力,这些耗费的货币表现就称为应取费用。按照应取费用的性质和用途的不同,它划分为措施费、间接费、利润和税金等。这些费用是电气安装工程造价格构成的重要组成部分,因此在审核电气安装工程造价时,必须对这些构成费用计算进行严格审核把关。电气安装工程造价中的应取费用计算不仅有取费基础的不同,而且还有一定的计算程序,如果计算基础或计算先后程序错了,其结果也就必然错了。同时,应计取费用的标准是与该结算所使用的预算定额相配套的,采用哪一家的定额编制结(决)算,就必须采用哪一家的取费标准,不能互相串用,反之,应予纠正。

综上所述,工程竣工结算审核工作具有政策性、技术性、经济性强,可变性、弹塑性大,涉及面广等特点,同时,又是涉及业主和承包商切身利益的一项工作。所以,承担工程结算审核的人员,应具有业务素质高,敬业奉献精神强;具有经济头脑和信息技术头脑;具有较强的法律观念和较高的政策水平,能够秉公办事;掌握工程量计算规则,熟悉定额子目的组成内容和套用规定;掌握工程造价的费用构成、计算程序及国家政策性、动态性调价和取费标准等,才能胜任工程竣工结算的审核工作。这并非苛刻要求或者说竣工结算多么神秘,而是由于工程项目施工涉及面广、影响因素多、环境复杂、施工周期长、政策性变化大、材料供应市场波动大等因素给工程竣工结算带来一定困难。所以,建设单位或各有关专业审核机构,都应选派(指定)和配备有良好职业道德、业务水平高、有奉献精神和责任心强的专业技术人员担负工程竣工结算的审核工作,让人为造成的损失减少到零,准确地计算出电气安装工程中的最终的实际价格。

7.2.4 工程竣工结算审查时限

《建设工程价款结算暂行办法》第十四条第三项指出:"单项工程竣工后,承包人应在提交竣工验收报告单的同时,向发包人递交竣工结算报告及完整的结算资料,发包人应按以下规定时限进行核对(审查)并提出审查意见。"

工程竣工结算报告金额审查时限,见表7.2。

表 7.2 工程竣工结算报告金额审查时限

工程竣工结算报告金额	审查时间
500万元以下	从接到竣工结算报告和完整的竣工结算资料之日起 20 d
500万~2 000万元	从接到竣工结算报告和完整的竣工结算资料之日起 30 d
2 000万~5 000万元	从接到竣工结算报告和完整的竣工结算资料之日起 45 d
5 000万元以上	从接到竣工结算报告和完整的竣工结算资料之日起 60 d

7.2.5 工程造价审核单位和审核人员的执业准则与职业道德

1)工程造价咨询单位执业行为准则

为了规范工程造价咨询单位执业行为,保障国家与公众利益,维护公平竞争秩序和各方合法权益,具有工程造价咨询资质的企业法人在执业活动中均应遵循以下执业行为准则:

①要执行国家的宏观经济政策和产业政策,遵守国家和当地的法律、法规及有关规定,维护国家和人民的利益。

②接受工程造价咨询行业自律组织业务指导,自觉遵守本行业的规定和各项制度,积极参加本行业组织的业务活动。

③按照工程造价咨询单位资质证书规定的资质等级和业务范围开展业务,只承担能够胜任的工作。

④要具有独立执业的能力和工作条件,竭诚为客户服务,以高质量的咨询成果和优良服务,获得客户的信任和好评。

⑤要按照公平、公正和诚信的原则开展业务,认真履行合同,依法独立自主开展经营活动,努力提高经济效益。

⑥靠质量和信誉参加市场竞争,杜绝无序和恶性竞争;不得利用与行政机关、社会团体以及其他经济组织的特殊关系搞垄断。

⑦要"以人为本",鼓励员工更新知识,掌握先进的技术手段和业务知识,采取有效措施,组织、督促员工接受继续教育。

⑧不得在解决经济纠纷的鉴证咨询业务中分别接受双方当事人的委托。

⑨不得阻挠委托人委托其他工程造价咨询单位参与咨询服务;共同提供服务的工程造价咨询单位之间应分工明确,密切协作,不得损害其他单位的利益和信誉。

⑩有义务保守客户的技术和商业秘密,客户事先允许和国家另有规定的除外。

2)造价工程师职业道德行为准则

①遵守国家法律、法规和政策,执行行业自律规定,珍惜职业声誉,自觉维护国家和社会公

共利益。

②遵守"诚信、公正、敬业、进取"的原则,以高质量的服务和优秀的业绩,赢得社会和客户对造价工程师职业的尊重。

③勤奋工作,独立、客观、公正、正确地出具工程造价成果文件,使客户满意。

④诚实守信,尽职尽责,不得有欺诈、伪造、作假等行为。

⑤尊重同行,公平竞争,搞好同行之间的关系,不得采取不当的手段损害、侵犯同行的利益。

⑥廉洁自律,不得索取、收受委托合同约定以外的礼金和其他财物,不得利用职务之便谋取其他不正当的利益。

⑦造价工程师与委托方有利害关系的应当回避,委托方有权要求其回避。

⑧知悉客户的技术和商业秘密,负有保密义务。

· 7.2.6 结算文件及结算审查文件的组成 ·

1)结算编制文件的组成

结算文件一般来说,应由工程结算汇总表、单项工程结算汇总表、单位工程结算表和分部分项(措施、其他)工程结算表及结算编制说明等组成。

2)结算审查文件的组成

工程结算审查文件,一般由工程结算审查报告、结算审定签署表、工程结算审查汇总对比表、单项工程结算审查汇总对比表、单位工程结算审查汇总对比表及结算内容审查说明等组成。其各种表格形式详见《建设项目工程和结算编审规程》(CECA/GC3—2007),这里不再作介绍。

3)工程结算编制说明

工程结算编制说明应包括下列几项内容:工程概况,编制范围,编制依据,编制方法,有关材料、设备、参数和费用说明,其他有关问题的说明等。

4)工程结算内容审查说明

工程结算审查说明应主要阐述以下几个方面内容:主要工程子目调整的说明,工程数量增减变化较大的说明,子目单价、材料、设备、参数和费用有重大变化的说明,其他有关问题的说明等。

7.3 工程竣工结算与工程竣工决算的区别

建筑安装工程预算,是指根据施工图所确定的工程量,选套相应的预算定额单价及有关的取费标准,预先计算工程项目价格的文件。它是由设计单位负责编制,作为建设单位控制投资、制订年度建设计划和招标工程制定标底价的依据。

建筑安装工程结算,是指按工程进度、施工合同、施工监理情况办理的工程价款结算,以及根据工程实施过程中发生的超出施工合同范围的工程变更情况,调整施工图预算价格,确定工程项目最终结算价格的技术经济文件。它由施工单位负责编制,发送建设单位核定签认后作为工程价款结算和付款的依据。

建筑安装工程决算,是指建设项目或工程项目(又称"单项工程")竣工后由建设单位编制的综合反映建设项目或工程项目实际造价、建设成果的文件。它包括从工程立项到竣工验收交付使用所支出的全部费用。它是主管部门考核工程建设成果和新增固定资产核算的依据。

根据有关文件规定,建设项目的竣工决算是以它所有的工程项目竣工结算及其他有关费用支出为基础进行编制的,建设项目或工程竣工决算和工程项目或单位工程的竣工结算区别主要表现在以下5个方面:

①编制单位不同。工程竣工结算由施工单位编制,而工程竣工决算由建设单位(业主)编制。

②编制范围不同。工程竣工结算一般主要是以单位或单项工程为单位进行编制,而竣工决算是以一个建设项目(如一个工厂、一个装置系统、一所学校、一个医院、一个车站、一条公路、一座水库)为单位进行编制的,只有在整个项目所包括的单项工程全部竣工后才能进行编制。

③费用构成不同。工程竣工结算仅包括发生在该单位或单项工程范围以内的各项费用,而竣工决算包括该建设项目从立项筹建到全部竣工验收过程中所发生的一切费用(即有形资产费用和无形资产费用两大部分)。

④用途作用不同。工程竣工结算是建设单位(业主)与施工企业结算工程价款的依据,也是了结甲、乙双方经济关系和终结合同关系的依据。同时,又是施工企业核定生产成果,考虑工程成本,确定经营活动最终效益的依据。而建设项目竣工决算是建设单位(业主)考核工程建设投资效果、正确确定有形资产价值和正确计算投资回收期的依据,同时,也是建设项目竣工验收委员会或验收小组对建设项目进行全面验收、办理固定资产交付使用的依据。

⑤文件组成不同。建筑安装单位或单项工程结算,一般来说,仅由封面、文字说明和结算表3部分组成。而竣工决算的内容包括财务决算说明书、竣工财务决算报表、工程竣工图和工程造价对比分析4个部分。

7.4 电气工程造价管理的内容

电气工程造价管理的基本内容就是合理地确定和有效地控制工程造价。

所谓电气工程造价的合理确定,就是在建设程序的各个阶段,合理地确定电气工程的投资估算、概算造价、预算造价、承包合同价、结算价、竣工决算价。

①在项目建议书阶段,按照有关规定编制的初步投资估算,经有关部门批准,作为拟建项目列入国家中长期计划和开展前期工作的控制造价。

②在项目可行性研究阶段,按照有关规定编制的投资估算,经有关部门批准,作为该项目的控制造价。

③在初步设计阶段,按照有关规定编制的初步设计总概算,经有关部门批准,即作为拟建项目工程造价的最高限额。

④在施工图设计阶段,按规定编制施工图预算,用以核实施工图阶段预算造价是否超过批准的初步设计概算。

⑤对以施工图预算为基础实施招标的工程,承包合同价也是以经济合同形式确定的建筑安装工程造价。

⑥在工程实施阶段要按照承包方实际完成的工程量,以合同价为基础,同时考虑因物价变动所引起的价格变更,以及设计中难以预计的而在实施阶段实际发生的工程和费用,合理确定结算价。

⑦在竣工验收阶段,全面汇集在工程建设过程中实际花费的全部费用编制竣工决算,如实体现建筑工程的实际造价。

· *7.4.1* 电气工程造价的有效控制 ·

在优化建设方案、设计方案的基础上,在建设程序的各个阶段,采用一定的方法和措施将工程造价控制在合理的范围和核定的造价限额以内。具体说,要用投资估算价控制设计方案的选择和初步设计概算造价,用概算造价控制设计和修正概算造价,以求合理的使用人力、物力和财力,取得较好的投资效益。

有效的控制工程造价应体现以下 3 项原则:

(1)以设计阶段为重点的建设全过程造价控制

工程造价控制贯穿于项目建设全过程的同时,应注重工程设计阶段的造价控制。工程造价控制的关键就在于设计。设计质量对整个工程建设的效益是至关重要的一环,但是,长期以来,我国普遍忽视工程建设项目前期工作阶段的造价控制,而往往把控制工程造价的主要精力放在施工阶段——审核施工图预算,结算建安工程价款。要有效的控制建设工程造价,就应将控制重点转到建设前期阶段。

(2)实施主动控制,以取得令人满意的效果

传统的决策理论将人看做具有绝对理性的“经济人”,认为人的决策是本能的遵循最优化原则来选择实施方案。造价工程师的基本任务是合理确定并采取有效措施控制建设工程造价。为此,应根据委托方的要求及工程建设的客观条件进行综合研究,实事求是的确定一套切合实际的衡量标准。只要造价控制的方案符合这套衡量标准,取得令人满意的结果,则应该说造价控制达到了预期的目标。

(3)技术与经济相结合是控制工程造价最有效的手段

要有效地控制工程造价,应从组织、技术、经济等多方面采取措施。从组织上采取措施,包括明确项目组织,明确项目控制者及其任务,明确管理职能分工;从技术上采取措施,包括重视设计多方案选择,严格审查监督初步设计、技术设计、施工图设计、施工组织设计,深入技术领域研究节约投资的可能性;从经济上采取措施,包括动态的比较造价的计划值和实际值,严格审核各项费用支出,采取节约投资进行有力奖励的措施等。

· *7.4.2* 电气工程造价管理的工作要素 ·

电气工程造价管理围绕合理确定和有效控制工程造价两个方面,采取全过程、全方位管理,其具体工作要素归纳为以下几点:

①可行性研究阶段对建设方案认真优选,编好、定好投资估算,考虑风险,打足投资。

②择优选定工程承建单位、监理单位、设计单位,做好相应的招标工作。

③合理选定工程建设标准、设计标准,贯彻国家的建设方针。

④积极合理的采用新技术、新工艺、新材料,优化设计方案,编好、定好概算,打足资料。

⑤择优采购设备、建筑材料,做好相应的招标工作。

⑥择优选定建筑安装施工单位、调试单位,做好相应的招标工作。

⑦认真控制施工图设计,在赶超世先进水平的同时,不搞超前消费,并编好施工图预算。

⑧协调好与有关方面的关系,合理处理配套工作中的经济关系。

⑨严格按概算对造价实行控制。

⑩用好、管好建设资金,保证资金合理、有效地使用,减少资金利息支出和损失。

⑪严格合同管理,做好工程索赔价款结算工作。

⑫强化项目法人责任制,落实项目法人对工程造价管理的主体地位,在项目法人组织内建立与造价紧密结合的经济责任制。

⑬专业化、社会化造价咨询机构要为项目法人积极开展工程造价管理工作提供全过程、全方位的咨询服务,遵守职业道德,确保服务质量。

⑭造价管理部门要强化服务意识,强化基础工作的建设,为建设工程造价的合理确定提供动态的可靠依据。

⑮完善造价工程师职业资格考试、注册及继续教育制度,促进工程造价管理人员素质和水平。

7.5 工程索赔和索赔费用计算

· 7.5.1 工程索赔的概念 ·

工程索赔是指在工程项目承包合同履行过程中,当事人一方由于另一方未履行或未能正确履行合同规定的义务而受到损失时,向另一方当事人提出赔偿要求的行为。索赔是法律和合同赋予当事人双方的正当权利。在实际工作中,索赔是双向的,也就是说包括承包人向发包人索赔,也包括发包人向承包人索赔。在工作实践中,发包人索赔数量较小,而且处理方便,但可以通过冲账、扣拨工程款、扣保证金等实现对承包人的索赔,而承包人对发包人的索赔则比较困难一些。因此,承包人应当树立起索赔意识,重视索赔,善于索赔。承包人索赔是指承包人在合同实施过程中,对非自身原因造成的工程延期、费用增加而要求发包人给予补偿损失的一种权利要求。承包人索赔有广泛的含义,可以概括为如下3个方面:

①业主违约使承包方蒙受损失,受损方向对方提出赔偿损失的要求。

②发生了应由业主承担责任的特殊风险或遇到不利的自然条件等情况,使承包蒙受较大损失而向业主提出补偿损失要求。

③承包商本人应当获得的正当利益,由于未能及时得到监理工程师的确认和业主应给予的支付,而以正式函件向业主索赔。

· 7.5.2 工程索赔产生的原因 ·

实际工作中,工程索赔产生的原因是多方面的,但归结起来主要有以下几个大的方面:

（1）当事人违约

当事人违约常常表现为没有按合同约定履行自己的义务。发包人违约常常表现为承包人提供合同约定的施工条件，发包人未按照合同约定的期限和数额付款等。工程师没有按照合同约定完成工作，如未能及时交出图纸、指令等，也视为发包人违约。承包人违约的情况则主要是没有按照合同约定的质量、期限完成施工，或者由于不当行为给发包人造成其他损害。

（2）不可抗力

不可抗力又可以分为自然事件和社会事件。自然事件主要是指不利的自然条件和客观障碍，如在施工过程中遇到经现场调查无法发现、业主提供的资料中也未能提到的、无法预料的情况，如地下水、地质断层等。社会事件则包括国家政策、法律、法令的变更，地震、火灾、战争、罢工等。

（3）合同缺陷

合同缺陷表现为合同文件规定不严谨甚至矛盾，合同中的遗漏或错误。在各种情况下，工程师应当给予解释，如果各种解释将导致成本增加或工期延长，发包人应当给予补偿。

（4）合同变更

合同变更表现为设计变更、施工方法变更、追加或者取消某些工作、合同规定的其他变更等。

（5）工程师指令

工程师指令有时也会产生索赔，如工程师指令承包人加速施工、进行某项工作、更换某些材料、采取某些措施等。

（6）其他第三方原因

其他第三方原因常常表现为与工程有关的第三方的问题而引起的对本工程的不利影响。

· 7.5.3　工程索赔的分类 ·

工程索赔依据不同的标准可以进行不同的分类。

1）按索赔的合同依据分类

按索赔的合同依据可以将工程索赔分为合同中明示的索赔和合同中默示的索赔。

（1）合同中明示的索赔

合同中明示的索赔是指承包人所提出的索赔要求，在该工程项目的合同文件中有文字依据，承包人可以依此提出索赔要求，并取得经济补偿。这些在合同文件中有文字规定的合同条款，称为明示条款。

（2）合同中默示的索赔

合同中默示的索赔，即承包人的该项索赔要求，虽然在工程项目的合同条款中没有专门的文字叙述，但可以根据该合同的某些条款的含义，推论出承包人有索赔权。这种索赔要求同样有法律效力，有权得到相应的经济补偿，这种有经济补偿的含义的条款，在合同管理工作中被称为"模式条款"或"隐含条款"。模式条款是一个广泛的合同概念，它包含合同明示条款中没有写入，但符合双方签订合同时设想的愿望和当时环境条件的一切条款。这些默认条款，或者从明示条款所表诉的设想愿望中引申出来，或者从合同双方在法律上的合同关系引申出来，经合同双方协商一致，或被法律和法规所指明，都成为合同的有效条款，要求合同双方遵照执行。

2）按索赔目的分类

按索赔目的可以将工程索赔分为工期索赔和费用索赔。

①工期索赔

由于非承包人责任的原因而导致施工进程延误，要求批准顺延合同工期的索赔，称为工期索赔。工期索赔形式上是对权利的要求，以避免在原定合同竣工日不能完工时，被发包人追究拖期违约责任。一旦获得批准合同工期顺延后，承包人不仅免除了承担拖延违约赔偿费的严重风险，而且可能提前工期得到奖励，最终反映在经济效益上。

②费用补偿

费用索赔的目的是要求经济补偿，当施工的客观条件改变导致承包人增加开支，要求对超出计划成本的附加开支给予补偿，以挽回不应由承包人承担的经济损失。

3）按索赔事件的性质分类

按索赔事件的性质可以将工程索赔分为工期延误索赔、工程延误索赔、合同被迫终止索赔、工程加速索赔、意外风险和不可抗力因素索赔和其他索赔。

①工程延误索赔。因发包人未按合同要求提供施工条件，如未及时交付设计图纸、施工现场、道路等，或因发包人指令工期暂停或不可抗力事件等原因造成工期拖延的，承包人对此提出索赔。这是工程中常见的一类索赔。

②工期变更索赔。由于发包人或监理工程师指令增加或减少工程量或增加附加工程、修改设计、变更工程程序等，造成工期延长和费用增加，承包人对此提出索赔。

③合同被迫终止的索赔。由于发包人或承包人违约以及不可抗力事件等原因造成合同非正常终止，无责任的受害方因其蒙受经济损失而向对方提出索赔。

④工期加速索赔。由于发包人或工程师指令承包人加快施工速度、缩短工期，引起承包人、财、物的额外开支而提出的索赔。

⑤意外风险和不可预见因素索赔。在工程实施过程中，因人力不可抗拒因素索赔。在工程实施过程中，因人力不可抗拒的自然灾害、特殊风险以及一个有经验的承包人通常不能合理遇见的不利施工条件或外界障碍，如地下水、地质断层、溶洞、地下障碍物等引起的索赔。

⑥其他索赔。如因货币贬值、汇率变化、物价、工资上涨、政策法令变化等原因引的索赔。

· *7.5.4 工程索赔的处理原则* ·

工程索赔的处理原则：

1）必须以合同为标准

不论是风险事件的发生，还是当事人不完成合同工作，都必须在合同中找到相应的依据，当然，有些依据可能是合同中隐含的。工程师依据合同和事实对索赔进行处理是其公平性的重要体现。在不同的合同条件下，这些依据很可能是不同的。如因不可抗力导致的索赔，在施工合同文本条件下，承包人机械设备损坏的损失是由承包人承担的，不能向发包人索赔；但在FIDIC合同条件下，不可抗力事件一般都列为业主承担的风险，损失都应当由业主承担。如果到了具体的合同中，各个合同的协议条款不同，其依据的差别就更大了。

2）及时、合理地处理索赔

索赔事件发生后，应当及时提出索赔，也应该及时处理索赔。索赔处理的不及时，如承包人的索赔长期得不到合理解决,索赔积累的结果会导致其资金困难,同时会影响工程进度,给双方都带来不利影响。处理索赔还必须坚持合理性原则,既考虑到国家的有关规定,也应当考虑到工程的实际情况。如承包人提出索赔要求,机械停工按照机械台班单价计算损失显然是不合理的,因为机械停工不发生运行费用。

3)加强主动控制,减少工程索赔

对于工程索赔应该加强主动控制,尽量减少索赔。这就要求在工程管理过程中,应当尽量将工作做在前面,减少索赔事件的发生。这样能够使工程更顺利地进行,降低工程投资,减少施工工期。

· 7.5.5 工程索赔的程序和时限 ·

前已述及索赔是法律和合同赋予甲、乙双方的正当权利,我国建设工程施工合同文本中有关索赔的程序和时限,如图7.1所示。

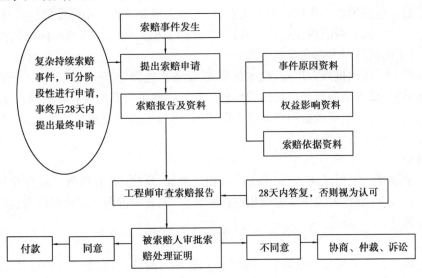

图 7.1　工程索赔程序及时限框图

· 7.5.6 索赔的依据 ·

提出索赔的依据有以下几个方面:

①招标文件、施工合同文本及附件,其他双方签字认可的文件,经认可的工程实施计划、各种工程图纸、技术规范等。这些索赔的依据可在索赔报告中直接引用。

②双方的来往信件及各种会议纪要。在合同履行过程中,业主、监理工程师和承包人定期或不定期的会谈所作出的决议或决定是合同的补充,应作为合同的组成部分,但会谈纪要只有经过各方签署后才可以作为索赔的依据。

③进度计划和具体的进度以及项目现场的有关文件。进度计划和具体的进度安排是和现场有关变更索赔的重要依据。

④气象资料、工程检查验收报告和各种技术鉴定报告,工程中送停电、送停水、道路开通和封闭的记录和证明。

⑤国家有关法律、法令、政策文件,官方的物价指数、工资指数,各种会计核算资料,材料的采购、订货、运输、进场、使用方面的凭据。

索赔要有证据,证据是索赔报告的重要做成部分,证据不足或没有证据,索赔就不可能成立。总之,施工索赔是利用经济杠杆进行项目管理的有效手段,对承包人、发包人和监理工程师来说,处理索赔问题水平的高低,反映了对项目管理水平的高低。由于索赔是合同管理的重要环节,也是计划管理的动力,更是挽回成本损失的重要手段,所以随着建筑市场的监理和发展,索赔将成为项目管理中越来越重要的问题。

· 7.5.7 索赔的计算及示例 ·

1)索赔的计算

(1)可索赔的费用

可索赔的费用内容可以包括以下几个方面:

①人工费。包括增加工作内容的人工费、停工损失费和工作效率降低的损失费等累计,其中增加工作内容的人工费应按照计日工费计算,而停工损失费和工作效率降低的损失费按窝工费计算,窝工的标准双方应在合同中约定。

②设备费。可采用机械台班费、机械折旧费、设备租凭费等集中形式。当工作内容增加引起设备费索赔时,设备费的标准按照机械台班计算。因窝工引起的设备费索赔,当施工机械属于施工企业自有时,按照机械折旧费计算索赔费用;当施工机械是施工企业从外部租赁时,索赔费用的标准按照设备租赁费计算。

③材料费。

④保函手续费。工程延期时,保函手续费相应增加,反之,取消部分工程且发与承包人达成提前竣工协议时,承包人的保险金额相应折减,则计入合同价内的保函手续费也应扣减。

⑤贷款利息。

⑥保险费。

⑦保管费。此项又可分为现场管理费和公司管理费两部分,由于二者的计算方法不一样,所以在审核过程中应区别对待。

⑧利润。

在不同的索赔事件中可以索赔的费用是不同的。如在 FIDIC 合同条件中,不同的索赔事件导致的索赔内容不同,大致有以下区别,见表 7.3。

表 7.3 FIDIC 条件中可以合理补偿承包商索赔的合同条款

序号	款条号	主要内容	可补偿内容		
			工期	费用	利润
1	1.9	延误发放图纸	√	√	√
2	2.1	延误移交施工现场	√	√	√
3	4.7	承包商依据工程师提供的错误数据导致放线错误	√	√	√

序号	款条号	主要内容	可补偿内容		
			工期	费用	利润
4	4.12	不可预见的外界条件	√	√	
5	4.24	施工中遇到的文物和估计	√	√	
6	7.4	非承包商原因检验导致的延误	√	√	√
7	8.4(a)	变更导致竣工时间的延长	√		
8	(c)	异常不利的气候条件	√		
9	(d)	由于传染病或其他政府行为导致工期的延误	√		
10	(e)	业主或其他承包商的干扰	√		
11*	8.5	公共当局引起的延误	√		
12	10.2	业主提前占用工程		√	√
13	10.3	对竣工检验的干扰	√	√	√
14	13.7	后续法规引起的调整	√	√	
15	18.1	业主办理的保险未能从保险公司获得补偿部分		√	
16	19.4	不可抗力事件造成的损害	√	√	

2)费用索赔的计算

费用索赔计算方法有实际费用法、修正总费用法等。

①实际费用法。该方法是按照各索赔事件所引起损失的费用项目分别分析计算索赔值，然后将各费用项目的索赔工作所支付的实际开支为依据，但仅限于由于索赔事项引起的、超过原计划的费用，故也称额外成本法。

②修正总费用法。这种方法是对总费用法的改进，即在总费用计算的原则上，去掉一些不确定的可能因素，对总费用法进行相应的修改和调整，使其更加合理。

3)工期索赔的计算

工期索赔的计算主要有网络图分析和比例计算法两种。

(1)网络图分析法

该方法是指利用进度计划的网络图,分析其关键线路,如果延误的工作为关键工作,则总延误的时间批准顺延的工期;如果延误的工作为非关键工作,当该工作由于延误超过时差限制而成为关键工作时,可以批准延误时间与时差的差值;若该工作延误后仍为关键工作,则不存在工期索赔问题。

(2)比例计算法

该方法主要应用于工程量有增加时工期索赔的计算。

复习思考题 7

1.简述电气安装工程造价校审的意义。
2.简述电气安装工程造价校审的方法。
3.工程结(决)算的主要方式有哪些?
4.电气工程造价管理的基本内容有哪些?
5.工程索赔的概念?

8 工程造价软件运用简介

8.1 软件概述

工程造价软件的具体思路是：利用计算机容量大、速度快、保存久、易操作、便管理、可视强等特点，模仿人工算量的思路方法及计价的操作习惯，采用一种全新的操作方法，即利用计算机鼠标和键盘，把建筑工程图输入计算机中，由计算机完成自动算量、自动扣减、统计分类、清单和定额列项计价、价差调整、费用计算、汇总打印等工作，极大地提高了工作效率，减轻了造价人员的劳动强度。

工程造价软件分算量软件和计价软件。现目前市场占有额比较大的是广联达和鲁班造价软件，各有优点，各造价软件分为钢筋算量、土建算量、安装算量和计价软件。

自从我国采用建筑工程定造价管理以来，安装工程工程量计算就在造价管理工作中占有重要地位，并消耗了工程预算人员的大量时间和精力，人们在工作实践中也试图寻找新的方法和途径来完成这一工作，经过几十年的探索，效果并不明显，这其中大致经历了一下几个过程：手工算量→手工表格算量→计算器表格算量→计算机表格算量→计算机图形算量。

进入 20 世纪 90 年代，计算机性能的迅猛发展，各种软件开发工具日趋完善，才使得计算机自动算量成为可能。在这种背景下，鲁班软件多年来致力于软件开发，实质性地解决了图形算量三维减扣问题，开创了可视智能图形算量的新概念。

软件是一个工具，关键是看使用者用哪个比较熟练，鲁班准确性高点，因为是基于 CAD 平台开发的软件，与 CAD 的衔接比较好。广联达容易上手，而且其钢筋、算量和计价三者导入起来比较方便，广联达还有一个亮点就是其在算量的时候就可以完成定额换算，如此算量完成后导入计价只要半个小时就可以出成果。

8.2 软件运用简介

· 8.2.1 鲁班软件算量的步骤 ·

①CAD 图纸调入。
②CAD 转化，转化构件，转化系统图，转化管线。
③构件属性定义。

④计算及报表统计。

⑤核对检查,调整数据。

⑥打印计算成果(可按条件打印)。

· 8.2.2 浩元计价软件简介 ·

1)浩元软件的特点

①突出人性化设计,具有操作方便、易学易用的特点。

②交互性强,界面直观,交互切换灵活。

③学习效率高,在极短的时间内就可投入使用。

④各种输入表格可任意调用。

2)软件学习使用步骤

①软件安装及运行。

②建立工程项目。

③认识软件及窗体。

④清单、定额操作。

⑤工程量输入。

⑥定额调整。

⑦材料价格输入及价差调整。

⑧工程取费。

⑨打印数据。

3)浩元计价软件的基本功能

①对于不同时期、不同地区、不同专业的定额均可在软件中一次性完成计价。

②定额输入方式灵活方便,定额子目打包,一次输入多个定额。

③强大的调整换算功能,快捷有效地完成定额内或定额间的调整换算。

④数据的及时计算功能。

⑤独有的取费逐级计算功能。

⑥文件管理采用目录树格式。

⑦打印预览、打印功能实现 Windows 化。

⑧同工程量自动计算软件实现无缝数据传输。

⑨定额章节的增加和定额归类的任意指定。

⑩提供自由报表设计功能,设计自己需要的各种报表。

⑪实现清单报价功能。

· 8.2.3 广联达安装算量简单操作步骤 ·

1) 导入 CAD 图

①单击导航栏的 CAD 管理。

②单击 CAD 草图。

③单击导入 CAD 图。

④将所需要的 CAD 图导入。

⑤选中需要的拆开的 CAD 图(拉框选择),导出选中的 CAD 图。

2)识别主要材料表

①单击导航栏的配电箱柜。

②单击 CAD 操作设置—材料表识别。

③左键框选要识别的主要材料,右键确认。

④识别设备的名称、规格型号、距地高度、对应构件、对应楼层。

⑤把空行、空列删除,单击确认即可。

3)识别照明灯具,配电箱柜

①标识识别。

②图例识别完以后单击右键确认。

③识别错了怎么办? 批量选择(F3),选择识别错的构件,右键删除即可。

④先识别复杂的构件,再识别简单的。

⑤先识别带标识的,再识别不带标识的。

4)识别管线

①有标识的先识别带标识的—回路标识识别。

②没有标识的可以选择回路识别或者直接用选择识别(注意一定要清楚电气专业的识别顺序)。

5)桥架

①新建一个工程,导入首层弱电平面图。

②单击导航栏的智控弱电—电缆导管。

③再用选择识别,选中需要识别的桥架,选的时候选中中间那根线进行识别。

④识别管线。

⑤设置起点。

⑥汇总计算。

⑦查看工程量。

⑧布置立管。

• *8.2.4 广联达计价软件 GBQ4.0 简介* •

工程项目建设领域竞争日趋激烈,招投标制度凭借公开、公平、公正的特点,已经成为工程承包发包的普及形式。国内建设工程信息化的领军企业依托对招投标中关键环节——计价环节的精深了解,软件将极大的实现用户的个性化需求。计价软件可以帮助工程造价人员解决电子招投标环境下的工程计价、招投标业务问题,使计价更高效、招标更便捷、投标更安全。针对这一市场需求,广联达推出了融计价、招投标管理于一体的全新计价软件 GBQ4.0 新版本。

延续之前版本的优势,新版计价 GBQ4.0 软件中仍然采用统一的平台,支持全国所有地区的版本,帮助用户做不同地区的工程,所有地区并列显示,界面清晰,方便用户自行选择。除此之外,该新版软件在满足用户个性化需求方面取得了长足进展。结合我国的国情,不同地区的招投标规则也不尽相同,用户需求的个性化现象也越来越明显。现在招投标工程要求越来严格,软件可根据用户的需求,将项目的新建过程做整合,将项目、单项、单位工程的建立统一放在一起,三级结构醒目直观,新建工作也将做的更加方便快捷。同时随着招投标和网络评标在建筑工程领域的广泛运用,用户对于电子招标书的要求也越来越严格。该版本也将招投标功能整合进来,用户可根据自己的实际需求自由选择,软件自动生成招标电子标文件和投标电子标文件,在生成招标电子标文件的同时还能够自动生成招标控制价,一键满足用户所有的需求。同时,新版计价软件也提供了自检的功能,将计价、招投标过程中不能出现的错误全部都涵盖在内。在反复检查反复确认工程的正确性这一环节中,可以节省大量的时间。

具体操作步骤见广联达服务新干线(http://fwxgx.com)。

附　录

附录 1　主要材料损耗率

序号	材料名称	损耗率/%
1	裸软导线(包括铜、铝、钢线、钢芯铝线)	1.3
2	绝缘导线(包括橡皮铜、塑料铅皮、软花)	1.8
3	电力电缆	1.0
4	控制电缆	1.5
5	硬母线(包括刚、铝、铜、带型、棒型、槽型)	2.3
6	拉线材料(包括钢绞线、镀锌铁线)	1.5
7	管材、管件(包括无缝、焊接钢管及电线管)	3.0
8	板材(包括钢板、镀锌薄钢板)	5.0
9	型钢	5.0
10	管体(包括管箍、户口、锁紧螺母、管卡子等)	3.0
11	金具(包括耐张、悬垂、并沟、吊接等线夹及连扳)	1.0
12	紧固件(包括螺栓、螺母、垫圈、弹簧垫圈)	2.0
13	木螺栓、圆钉	4.0
14	绝缘子类	2.0
15	照明灯具及辅助器具(成套灯具、镇流器、电容器)	1.0
16	荧光灯、高压水银、氙气灯等	1.5
17	白炽灯泡	3.0

续表

序号	材料名称	损耗率/%
18	玻璃灯罩	5.0
19	胶木开关、灯头、插销灯	3.0
20	低压电瓷制品(包括鼓绝缘子、瓷夹板、瓷管)	3.0
21	低压保险器、瓷闸盒、胶盖闸	1.0
22	塑料制品(包括塑料槽板、塑料板、塑料管)	5.0
23	木槽板、木护圈、方圆木台	5.0
24	木杆材料(包括木杆、横担、横木、桩木等)	1.0
25	混凝土制品(包括电杆、底盘、卡盘等)	0.5
26	石棉水泥板及制品	8.0
27	油类	1.8
28	砖	4.0
29	砂	8.0
30	石	8.0
31	水泥	4.0
32	铁壳开关	1.0
33	砂浆	3.0
34	木材	5.0
35	橡皮垫	3.0
36	硫酸	4.0
37	蒸馏水	10.0

注:①绝缘导线、电缆、硬母线和用于母线的裸软导线,其损耗计中不包括为连接电气设备、器具而预留的长度,也不包括因各种弯曲(包括弧度)而增加的长度,这些长度均应计算在工程量的基本长度中。

②用于 10 kV 以下架空线路中的裸软导线的损耗率已包括因弧垂及因杆位高底差而增加的长度。

③拉线用的镀锌铁线损耗率中不包括为制作上、中、下把所需的预留长度。计算用线量的基本长度时,应以全根拉线的展开长度为准。

附录 2 常用建筑电气图形及文字符号

符 号	说 明	符 号	说 明
（电缆桥架双线符号）	电缆梯架、托盘、线槽线路 Line of cable tray 注:本符号用电缆桥架轮廓和连接线组合而成	（带单极开关插座符号）	带单极开关的（电源）插座 Socket outlet(power) with single-pole switch
（电缆沟虚线符号）	电缆沟线路 Line of cable trench 注:本符号用电缆沟轮廓和连接线组合而成	（带保护极单极开关插座符号）	带保护极的单极开关的（电源）插座
（中性线符号）	中性线 Neutral conductor	（带保护极插座符号）	带保护极的（电源）插座 Socket outlet(power) with protective contact
（保护线符号）	保护线 Protective conductor	（开关符号）	开关,一般符号 Switch,general symbol 单联单控开关
PE	保护接地线 Protective earthing conductor	（三速开关符号）	风机盘管三速开关
（PEN线符号）	保护线和中性线共用线 Combined protective and neutral conductor	（双极开关符号）	双极开关 Two pole switch
（三相线路符号）	带中性线和保护线的三相线路 Three-phase wiring with neutral conductor and protective conductor	（双控开关符号）	双控单极开关 Two-way single pole switch

续表

符 号	说 明	符 号	说 明
	向上配线,向上布线 Wiring going upwards	⊗★	灯,一般符号 如需要指出灯具种类,则在"★"位置标出数字或 下列字母: W-壁灯　　C-吸顶灯　　ST-备用照明 R-筒灯　　EN-密闭灯　　SA-安全照明 EX-防爆灯　G-圆球灯　　E-应急灯 P-吊灯　　L-花灯　　　LL-局部照明灯
	向下配线,向下布线 Wiring going downwards		
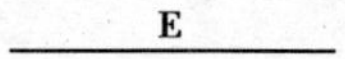 E	接地线 Ground conductor	Ｅ	应急疏散指示标志灯 Emergency exit indicating luminaires
LP	避雷线　　Earth wire, ground-wire 避雷带　　Strap type lightning protect 避雷网　　Network of lightning conduct	↑	应急疏散指示标志灯(向右) Emergency exit indicating luminaires(right)
·	避雷针 Lightning rod		光源,一般符号　Luminaire, general symbol 荧光灯,一般符号　Fluorescent lamp, general sym- bol
⊖	架空线路 Overhead line		
▢	发电站,规划的 Generating station, planned		隔离器 Disconnector;lsolator
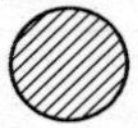 �illcircle	变电站,配电所,运行的或未特别提到的 Substation, in service or unspecified	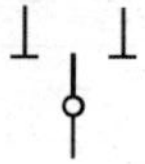	双向隔离器(具有中间断开位置) Two-way disconnector;Two-way isolator

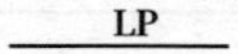

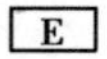

		隔离开关 Switch-disconnector;on-load isolating switch
		熔断器,一般符号 Fuse, general symbol
		熔断器式开关 Fuse-switch
		断路器 Circuit breaker
		接触器;接触器的主动合触点 Contactor;Main make contact of a contactor（在非操作位置上触点断开）
		火花间隙 Spark gap
		避雷器 Surge diverter;Lightning arrester
Wh / Pmax		带最大需量记录器电度表 Watt-hour meter with maximum demand recorder

	电机一般符号 Machine, general symbol "★"用下述字母之一代替:G—发电机;GP—水磁发电机;GS—同步发电机;M—电动机;MS—同步电动机;MG—能作为发电机或电动机使用的电机;MGS—同步发电机—电动机
	三相鼠笼式感应电动机 Induction motor, three-phase, squirrel cage
	星形—三角形连接的三相变压器 Three-phase transformer, connection star-delta
	电压互感器 Voltage transformer
	电流互感器,一般符号 Current transformer, general symbol

续表

符 号	说 明	符 号	说 明		
（电流互感器符号）	在一个铁芯上具有两个次级绕组的电流互感器 Current transformer with two secondary windings on one core 形式二中的铁芯符号必须画出。		配电中心　Distribution centre		
			电源自动切换箱（柜） AT	照明配电箱 AL	
			电力配电箱 AP	应急照明配电箱 ALE	
			应急电力配电箱 APE	电度表箱 AW	
（符号）	可燃气体探测器（点型） Combustible gas detector(point type)	⊏	电话机，一般符号 Telephone set, general symbol		
（符号）	光束感烟火灾探测器（线型，发射部分） Beam smoke detector (linear type, the part of launch)	（符号）	内部对讲设备 Audio intercommunication equipment		
（符号）	感温火灾探测器（点型） Heat detector(point type)	—○TP 形式1　⌐TP 形式2	电话信息插座		
（符号）	手动火灾报警按钮 Manual fire alarm call point	—○TD 形式1　⌐TD 形式2	数据信息插座		
（符号）	消火栓起泵按钮 Pump starting button in hydrant	—○TO 形式1　⌐TO 形式2	综合布线信息插座		
（符号）	报警电话 Alarm telephone	—○nTO 形式1　⌐nTO 形式2	综合布线 n 孔信息插座，n 为信息孔数量，例如：TO—单孔信息插座；2TO—二孔信息插座		

符号	说明	符号	说明
□	D—火灾显示盘　Fire display panel FI—楼层显示盘　Floor indicator CRT—火灾计算机图形显示系统　Computer fire figure displaying system FPA—火警广播系统　Public-fire alarm address system	○MUTO	多用户信息插座
		▭	直通型人孔
★	MT—对讲电话主机　The main telephone set for two-way telephone BO—总线广播模块 TP—总线电话模块	MDF	总配线架 Main distribution frame
		ODF	光纤配线架 Fiber distribution frame
★ (box)	RS—防火卷帘门控制器　Electrical control box for fire-resisting rolling shutter RD—防火门磁释放器　Megnetic releasing device for fire-resisting door I/O—输入/输出模块　I/O module I—输入模块　Input module O—输出模块　Output module P—电源模块　Power supply module T—电信模块　Telecommunication module SI—短路隔离器　Short circuit isolator M—模块箱　Module box SB—安全栅　Safety barrier	IDF	中间配线架 Mid distribution frame
		形式一 ⊠BD　形式二 ⊠BD	综合布线建筑群配线架（有跳线连接）
		形式一 ⊠FD　形式二 ⊠FD	综合布线楼层配线架（有跳线连接）
		CD	综合布线建筑群配线架
		BD	综合布线建筑物配线架
		FD	综合布线楼层配线架
		HUB	集线器
		LIU	光纤连接盘
		AHD	家居配线箱

附录 3　10 kV 铝芯电缆的允许持续载流量

单位：A

绝缘类型		粘性油浸纸		不滴流纸		交联聚乙烯			
钢铠护套		有		有		无		有	
缆芯最高工作温度/℃		60		65		90			
敷设方式		空气中	直埋	空气中	直埋	空气中	直埋	空气中	直埋
缆芯额定截面/ mm²	16	42	55	47	59	—	—	—	—
	25	56	75	63	79	100	90	100	90
	35	68	90	77	95	123	110	123	105
	50	81	107	92	111	146	125	141	120
	70	106	133	118	138	178	152	173	152
	95	126	160	143	169	219	182	214	182
	120	146	182	168	196	251	205	246	205
	150	171	206	189	220	283	223	278	219
	185	195	233	218	246	324	252	320	247
	240	232	272	261	290	378	292	373	292
	300	260	308	295	325	433	332	428	328
	400	—	—	—	—	506	378	501	374
	500	—	—	—	—	579	428	574	424
环境温度/℃		40	25	40	25	40	25	40	25
土壤热阻系数/(℃·m·W⁻¹)		—	1.2	—	1.2	—	2.0	—	2.0

附录4　绝缘导线明敷、穿钢管和穿塑料管时的允许载流量

单位:A

1.BLX 和 BLV 型铝芯绝缘线明敷时的允许载流量(导线正常最高允许温度为 65 ℃)

芯线截面 /mm²	BLX 型铝芯橡皮线				BLV 型铝芯塑料线			
	环境温度							
	25 ℃	30 ℃	35 ℃	40 ℃	25 ℃	30 ℃	35 ℃	40 ℃
2.5	27	25	23	21	25	23	21	19
4	35	32	30	27	32	29	27	25
6	45	42	38	35	42	39	36	33
10	65	60	56	51	59	55	51	46
16	85	79	73	67	80	74	69	63
25	110	102	95	87	105	98	90	83
35	138	129	119	109	130	121	112	102
50	175	163	151	138	165	154	142	130
70	220	206	190	174	205	191	177	162
95	265	247	229	209	250	233	216	197
120	310	280	268	245	283	266	246	225
150	360	336	311	284	325	303	281	257
185	420	392	363	332	380	355	328	300
240	510	476	441	403	—	—	—	—

2.BLX 和 BLV 型铝芯绝缘线穿钢管时的允许载流量(导线正常最高允许温度为 65 ℃)

导线型号	芯线截面 /mm²	2 根单芯线				2 根穿管管径 /mm		3 根单芯线				3 根穿管管径 /mm		4~5 根单芯线				4 根穿管管径 /mm		5 根穿管管径 /mm	
		环境温度						环境温度						环境温度							
		25 ℃	30 ℃	35 ℃	40 ℃	G	DG	25 ℃	30 ℃	35 ℃	40 ℃	G	DG	25 ℃	30 ℃	35 ℃	40 ℃	G	DG	G	DG
BLX	2.5	21	19	18	16	15	20	19	17	16	15	15	20	16	14	13	12	20	25	20	25
	4	28	26	24	22	20	25	25	23	21	19	20	25	23	21	19	18	20	25	20	25
	6	37	34	32	29	20	25	34	31	29	26	20	25	30	28	25	23	20	25	25	32
	10	52	48	44	41	25	32	46	43	39	36	25	32	40	37	34	31	25	32	32	40
	16	66	61	57	52	25	32	59	55	51	46	32	32	52	48	44	41	32	40	40	(50)
	25	86	80	74	68	32	40	76	71	65	60	32	40	68	63	58	53	40	(50)	40	—
	35	106	99	91	83	32	40	94	87	81	74	32	(50)	83	77	71	65	40	(50)	50	—
	50	133	124	115	105	40	(50)	118	110	102	93	50	(50)	105	98	90	83	50	—	70	—
	70	164	154	42	130	50	(50)	150	140	129	118	50	(50)	133	124	115	105	70	—	70	—
	95	200	187	173	158	70	—	180	168	155	142	70	—	160	149	128	126	70	—	80	—
	120	230	215	198	181	70	—	210	196	181	166	70	—	190	177	164	150	70	—	80	—
	150	260	243	224	205	70	—	240	224	207	189	70	—	220	205	190	174	80	—	100	—
	185	295	275	255	233	80	—	270	252	233	213	80	—	250	233	216	197	80	—	100	—

续表

导线型号	芯线截面/mm²	2根单芯线 环境温度				2根穿管管径/mm		3根单芯线 环境温度				3根穿管管径/mm		4~5根单芯线 环境温度				4根穿管管径/mm		5根穿管管径/mm	
		25℃	30℃	35℃	40℃	G	DG	25℃	30℃	35℃	40℃	G	DG	25℃	30℃	35℃	40℃	G	DG	G	DG
BLV	2.5	20	18	17	15	15	15	18	16	15	14	15	15	15	14	12	11	15	15	15	20
	4	27	25	23	21	15	15	24	22	20	18	15	15	22	20	19	17	15	20	20	20
	6	35	32	30	27	15	20	32	29	27	25	15	20	28	26	24	22	20	25	25	25
	10	49	45	42	38	20	25	44	41	38	34	20	25	38	35	32	30	25	25	25	32
	16	63	58	54	49	25	25	56	52	48	44	25	32	50	46	43	39	25	32	32	40
	25	80	74	69	63	25	32	70	65	60	55	32	32	65	60	56	51	32	40	32	(50)
	35	100	93	86	79	32	40	90	84	77	71	32	40	80	74	69	63	40	(50)	40	—
	50	125	116	108	98	40	50	110	102	95	87	40	(50)	100	93	86	79	50	(50)	50	—
	70	155	144	134	122	50	50	143	133	123	113	40	(50)	127	118	109	100	50	—	70	
	95	190	177	164	150	50	(50)	170	158	147	134	50	—	152	142	131	120	70	—	70	
	120	220	205	190	174	50	(50)	195	182	168	154	50	—	172	160	148	136	70	—	80	
	150	250	233	216	197	70	(50)	255	210	194	177	70	—	200	187	173	158	70	—	80	
	185	285	266	246	225	70	—	255	238	220	201	70	—	230	215	198	181	80	—	100	—

3.BLX 和 BLV 型铝芯绝缘线穿硬塑料管时的允许载流量(导线正常最高允许温度为 65℃)

导线型号	芯线截面/mm²	2根单芯线 环境温度				2根穿管管径/mm	3根单芯线 环境温度				3根穿管管径/mm	4~5根单芯线 环境温度				4根穿管管径/mm	5根穿管管径/mm
		25℃	30℃	35℃	40℃		25℃	30℃	35℃	40℃		25℃	30℃	35℃	40℃		
BLX	2.5	19	17	16	15	15	17	15	14	13	15	15	14	12	11	20	25
	4	25	23	21	19	20	23	21	19	18	20	20	18	17	15	20	25
	6	33	30	28	26	20	29	27	25	22	20	26	24	22	20	25	32
	10	44	41	38	34	25	40	37	34	31	25	35	32	30	27	32	32
	16	58	54	50	45	32	52	48	44	41	32	46	43	39	36	32	40
	25	77	71	66	60	32	68	63	58	53	32	60	56	51	47	40	40
	35	95	88	82	75	40	84	78	72	66	40	74	69	64	58	40	50
	50	120	112	103	94	40	108	100	93	86	50	95	88	82	75	50	50
	70	153	143	132	121	50	135	126	116	106	50	120	112	103	94	50	65
	95	184	172	159	145	50	165	154	142	130	65	150	140	129	118	65	80
	120	210	196	181	166	65	190	177	164	150	65	170	158	147	134	80	80
	150	250	233	215	197	65	227	212	196	179	75	205	191	177	162	80	90
	185	282	263	243	223	80	255	238	220	201	80	232	216	200	183	100	100

导线型号	芯线截面/mm²	2根单芯线 环境温度				2根穿管管径/mm	3根单芯线 环境温度				3根穿管管径/mm	4~5根单芯线 环境温度				4根穿管管径/mm	5根穿管管径/mm
		25℃	30℃	35℃	40℃		25℃	30℃	35℃	40℃		25℃	30℃	35℃	40℃		
BLV	2.5	18	16	15	14	15	16	14	13	12	15	14	13	12	11	20	25
	4	24	22	20	18	20	22	20	19	17	20	19	17	16	15	20	25
	6	31	28	26	24	20	27	25	23	21	20	25	23	21	19	25	32
	10	42	39	36	33	25	38	35	32	30	25	33	30	28	26	32	32
	16	55	51	47	43	32	49	45	42	38	32	44	41	38	34	32	40
	25	73	68	63	57	32	65	60	56	51	40	57	53	49	45	40	50
	35	90	84	77	71	40	80	74	69	63	40	70	65	60	55	50	65
	50	114	106	98	90	50	102	95	88	80	50	90	84	77	71	65	65
	70	145	135	125	114	50	130	121	112	102	50	115	107	99	90	65	75
	95	175	163	151	138	65	158	147	136	124	65	140	130	121	110	75	75
	120	206	187	173	158	65	180	168	155	142	65	160	149	138	126	75	80
	150	230	215	198	181	75	207	193	179	163	75	185	172	160	146	80	90
	185	265	247	229	209	75	235	219	203	185	75	212	198	183	167	90	100

注:①BX 和 BV 型铜芯绝缘导线的允许载流量约为同截面的 BLX 和 BLV 型铝芯绝缘导线允许载流量的 1.29 倍。

②表 2 中的钢管 G——焊接钢管,管径按内径计;DG——电线管,管径按外径计。

③表 2 和表 3 中 4~5 根单芯线穿管的载流量,是指三相四线制的 TN-C 系统、TN-S 系统和 TN-C-S 系统中的相线载流量,其中性线(N)或保护中性线(PEN)中可有不平衡电流通过。如果线路是供电给平衡的三相负荷,第四根导线为单纯的保护线(PE),则虽有四根导线穿管,但共载流量仍应按三根线穿管的载流量考虑,而管径则应按四根线穿管选择。

④管径在工程中常用英制尺寸(英寸 in)表示。管径的国际单位制(SI 制)与英制的近似。

附录5　单芯导线穿管选择表

线芯截面/mm²	焊接钢管(管内导线根数)									电线管(管内导线根数)								
	2	3	4	5	6	7	8	9	10	10	9	8	7	6	5	4	3	2
1.5	15		20		25					32				25		20		
2.5	15		20		25					32				25		20		
4	15	20			25			32		32					25		20	
6	20			25			32			40			32			25		20
10	20	25		32		40		50						40		32		25
16	25		32		40		50								40		32	
25	32		40		50		70										40	32
35	32	40	50			70		80								40		
50	40	50		70			80											
70	50		70		80													
95	50	70		80														
120	70			80														
150	70		80															
185	70	80																

附录6　塑料线槽允许容纳电线、电话线、电话电缆及同轴电缆数量

PVC系列塑料线槽型号	线槽内横截面积/mm²	电线型号	单芯绝缘电线线芯标称截面积/mm²														RVB型或RVS型 2×0.3/mm² 电话线	HYV型 2×0.5 电话电缆	同轴电缆	
			1.0	1.5	2.5	4.0	6.0	10	16	25	35	50	70	95	120	150			SYV-75-5-1	SYV-75-9
			允许容纳电线根数、电话线对数或电话电缆、同轴电缆条数																	
PVC-25	200	BV BLV	8	5	4	3	2										6对	1条5对	2条	
		BX BLX	3	2	2	2														
		BXF BLXF	4	4	3	2	2													

PVC 系列塑料线槽型号	线槽内横截面积/mm²	电线型号	单芯绝缘电线线芯标称截面积/mm²														RVB 型或 RVS 型 2×0.3/mm² 电话线	HYV 型 2×0.5 电话电缆	同轴电缆	
			1.0	1.5	2.5	4.0	6.0	10	16	25	35	50	70	95	120	150			SYV-75-5-1	SYV-75-9
			允许容纳电线根数、电话线对数或电话电缆、同轴电缆条数																	
PVC-40	800	BV BLV	30	19	15	11	9	5	3	2							22 对	3 条 15 对 或 1 条 50 对	8 条	3 条
		BX BLX	10	9	8	6	5	3	2	2										
		BXF BLXF	17	15	12	9	6	4	3	2										
PVC-60	1 200	BV BLV	75	47	36	29	22	12	8	6	4	3	2	2			33 对	2 条 40 对 或 1 对 100 对		
		BX BLX	25	22	19	15	13	8	6	4	3	2	2							
		BXF BLXF	42	33	31	24	16	11	7	5	4	3	2	2						
PVC-80	3 200	BV BLV	120	74	58	46	36	19	13	9	7	5	4	3	2		88 对	2 条 150 对 或 1 条 200 对		
		BX BLX	40	36	30	25	21	12	9	6	5	4	3	2	2					
		BXF BLXF	67	58	49	38	26	17	11	8	6	4	3	3						
PVC-100	4 000	BV BLV	151	93	73	57	44	24	17	11	9	6	5	3	3	3	110 对	1 条 200 对 或 1 条 300 对		
		BX BLX	50	44	38	31	26	15	12	8	7	5	4	3	3	2				
		BXF BLXF	83	73	62	47	32	21	14	10	7	5	4	3						
PVC-120	4 800	BV BLV	180	112	87	69	53	28	20	13	10	7	6	4	4	3	132 对	2 条 200 对 或 1 条 400 对		
		BX BLX	60	53	46	37	31	18	14	10	8	6	5	3	3	2				
		BXF BLXF	100	87	74	56	38	25	16	12	9	7	5	4						

注:①表中电线总截面积占线槽内横截面积的 20%,电话线、电话电缆及同轴电缆总截面积占线槽内横截面积的 33%;

②其他线槽内允许容纳的电线、电话线及同轴电缆数量可参考本表。

参考文献

［1］中华人民共和国建设部.建设工程工程量清单计价规范[S].北京:中国计划出版社,2008.

［2］建设部标准定额研究所.建设工程工程量清单计价规范宣贯辅导教材[M].北京:中国计划出版社,2008.

［3］原电力工业部,黑龙江省建设委员会.全国统一安装工程预算定额(第二册)[S].2版.北京:中国计划出版社,2001.

［4］中华人民共和国国家标准.建筑电气工程施工质量验收规范[S].北京:中国计划出版社,2002.

［5］中华人民共和国国家标准.电气装置安装工程电缆线路施工及验收规范[S].北京:中国计划出版社,2006.

［6］中华人民共和国国家标准.电气装置安装工程接地装置施工及验收规范[S].北京:中国计划出版社,2006.

［7］柯洪.全国造价工程师执业资格考试培训教材工程造价计价与控制[M].北京:中国计划出版社,2006.

［8］宋振华,麻红育,张生录.建筑水电安装工程量清单计价一点通[M].北京:中国水利水电出版社,2005.

［9］余辉.新编电气工程预算员必读[M].北京:中国计划出版社,2005.

［10］余辉.电气设备安装工程预算编制入门[M].北京:中国计划出版社,2001.

［11］吴心伦.安装工程造价[M].6版.重庆:重庆大学出版社,2012.

［12］熊德敏.安装工程定额与预算[M].北京:高等教育出版社,2008.

［13］张扬聪.安装工程工程量计算[M].北京:中国建筑工业出版社,2010.

［14］张国栋.图解安装工程工程量清单计算手册[M].北京:机械工业出版社,2011.

［15］杨光臣.建筑电气工程施工[M].重庆:重庆大学出版社,2012.

［16］中华人民共和国建设部.建设工程工程量清单计价规范[S].北京:中国计划出版社,2013.